KB081028

조금 긴 추신을
써야겠습니다

틀 너머의 이야기 　　　　　　　한수희

조금 긴 추신을 써야겠습니다

추신을 덧붙이는 마음

내가 생각하기에 글쓰기 연습에 가장 좋은 방법은 편지를 쓰는 것이다. 편지에는 언제나 수신인이라는 독자가 있기 때문이다.

어떤 글이든 독자를 생각하면 함부로 쓸 수 없다. 나는 나의 이야기를 그에게 최대한 잘 전달하기 위해 공을 들인다. 비유를 가져오는 이유도, 예시를 덧붙이는 이유도, 유머를 구사하는 이유도, 생각을 가다듬는 이유도 모두 독자를 위해서다. 글에는 리듬감이 있어야 한다고 믿기에 리듬감이 생길 때까지 고치고 또 고치기를 반복하는데(나중에는 지긋지긋해져서 쳐다보기도 싫을 정도다), 그 리듬이 지르박이건 차차차건 룸바건 모두 나의 독자가 즐거운 시간을 보내기를 바라기 때문이다. 글쓰기에 필요한 건 '독자를 향한 사랑'이라는 누군가의 말도 같은 의미일 것이다. 결국 글쓰기는 나를 표현하는 일이 아니라 나의 이야기를 글을 통해 누군가에게 전달하는 일이라고, 나는 언제나 생각해왔다.

편지에서 추신은 사실 없어도 좋은 부분이다. 본문에 전해야 할 이야기를 다 썼다면 굳이 추신을 쓸 이유가 없다. 그럼에도 사람들은 종종 추신을 덧붙인다. 때로는 의도적으로 추신을 쓰기도 한다. 정말로 하고 싶은 이야기는, 하고 싶으나 차마 하지 못하는 속마음이 담긴 문장은 본문이 아니라 추신에 쓰인다. 영화 〈윤희에게〉의 그 아름다운 추신처럼.

이 책의 이야기들도 어쩌면 추신 같은 것일 수 있다. 나는 내가 좋아하는 책과 영화에 대한 편지를 쓴다. 그리고 거기에 나 자신의 이야기를 추신처럼 덧붙인다. 굳이 없어도 되는 이야기지만 이 추신을 통해 내가 보내는 편지가 더 풍성해지기를 바란다. 친애하는 독자의 마음에 이 편지가 더 착 달라붙기를 바란다. 동시에 이 이야기들은 내 인생의 수많은 S씨들에게 보내는 편지의 추신일 수도 있다. 나라는 인간이 갇혀 있던 좁은 틀을 넘어 더 넓고 더 깊은 세계에 발을 디딜 용기를 선물한 이들에게 보내는 추신.

초등학교 시절 나는 낯가림이 심하고 내성적인 아이였다. 뭐든 잘하지 못하니 뭐라도 할라치면 긴장이 되어서 얼어붙곤 했다. 학교는 생각만 해도 아랫배가 싸하게 아픈 곳이었다. 나는 모범생의 겉옷 뒤에 언제나 울음을 터뜨리고 싶은 어린 아이를 숨기고 있었다.

4학년 때 담임 선생님을 우리는 개눈깔 선생님이라고 불렀다. 선생님의 한쪽 눈이 의안이었기 때문이다. 지금 생각하면 잔인한 별명이었다. 아이들은 순수하고, 그래서 쉽게 잔인해질 수 있다.

개눈깔 선생님은 작고 마른 체구에 카랑카랑한 목소리의 중년 여성으로, 반 아이 중 누구도 그 선생님을 좋아하지 않았다. 선생님은 끝이 뾰족한 오동나무 막대를 들고 다녔는데 어찌나 단단한 나무로 잘 만든 막대였는지 아직도 그 윤기와 밀도가 눈에 생생하다. 선생님은 그 막대를 주로 우리를 때리는 데 썼다. 시험 문제를 하나라도 틀리면 틀린 개수만큼 손바닥을 때린 것이다. 선생님은 우리를 때리기 위해 그렇게나 단단한 나무 막대를 골랐을 것이다. 매타작이 시작되기 전, 선생님이 짓던 잔인한 미소가 떠오른다. 그런 시대였다.

어느 날 개눈깔 선생님은 두꺼운 대학 노트 몇 권을 들고 와서는 우리에게 보여주었다. 노트는 온통 선생님의 글씨로 빼곡했다. 독서를 좋아하고 글을 쓰기도 했던 선생님은 책을 읽다 좋은 구절을 발견하면 노트에 모조리 옮겨 적는다고 했다. 우리는 놀랐지만 딱히 감동을 받지는 않았다. 오히려 그 빼곡한 글씨의 기세에 좀 질렸던 것 같다. 그러나 그 순간을 30년이 더 지난 지금도 또렷하게 기억하는 것을 보면 그 기억은 내 뼈의 어딘가에 붙어 무럭무럭 자라고 있었던 모양이다.

또 선생님은 미술 시간이면 잘 쓴 일기를 뽑아서 일기의 주인이 앞으로 나와 큰 소리로 읽게 했다. 나는 종종 그 대상으로 뽑혔다. 아이들은 고개를 숙여 찰흙을 만지고, 나는 찰흙이 묻은 손을 대충 털고 나와 그 앞에서 일기를 읽었다. 내성적이고 존재감 없던 여자아이가 학교라는 사회에서 최소한의 몫을 하게 된 데는 바로 그런 선생님들의 영향이 있었을 것이다.

그 후에도 내 뼈에 달라붙은 기억들이, 사람들이 있다. 고등학교 수학여행 때 죽을 것 같은 기분으로 한라산 등반을 하고 있을 때 갑자기 나타나 "아, 힘들어. 무슨 부귀영화를 보겠다고 거길 올라가냐? 그냥 내려가자."라고 말했던 친구가 있다. 아, 안 올라가도 되는구나. 가기 싫으면 안 가도 되는구나. 굳이 정상을 정복할 필요는 없구나. 융통성 없이 시키는 건 무조건 해야 했던 나는 일종의 신선한 충격에 휩싸였다. 그 친구는 지금 학교 선생님이 되었는데 어떤 선생님일지 궁금하다.

나를 괴롭히던 친구도, 취향이라는 것을 가르쳐준 친구도 떠오른다. 고통을 통해 내 자존감이 그다지 약하지 않다는 사실을 처음 깨닫게 해준 사람도 있었다. 권위를 내세우지 않으면서도 권위 있는 어른의 모습을 보여준 사람도 있었고, 마치 쌍둥이처럼 내 못된 면을 똑같이 갖고 있던 사람도 있었다.

그리고 S 씨도 있었다. 그때 나는 좀 가난했고, 불안했고, 의기소침해 있었다. S 씨는 나의 동네 친구였고, 내가 쌓아 올린 두터운 벽 너머로 고개를 내밀어 내 이름을 불렀고, 나의 못난 점들도 개성으로 인정해주었다. 언젠가 그는 나에게 웃으며 이런 말을 해준 적이 있다. "마음에 들지 않는다고 해서, 그렇게 직설적으로 얘기해서 상처를 주지 않아도 좋잖아요."

S 씨는 나의 가난을 부끄러워하지 않게 해주었다. S 씨의 존재는 내가 상상하지도 못했던 삶을 살아볼 용기를 내게 만들어주었다. 그러나 S 씨는 훌륭하기보다는 세속적인 사람이었고, 내 주변에서 그렇게 세속적인 사람은 없었기 때문에 나는 S 씨를 좋아했다가 싫어했다가 했다. 지금도 나는 S 씨에게 진저

리를 치다가 그리워하다가 한다.

지금껏 살아오며 나는 수많은 관계를 맺어왔다. 나는 내 뼈에 붙은 기억 속의 사람들, 내 마음의 키를 자라게 해준 사람들, 내게 틀 너머의 이야기를 들려준 사람들에게 보내는 편지의 추신을 쓴다. 그들 역시 내가 그런 것처럼 완벽한 사람들이 아니었고, 나는 그들을 좋아했다가 싫어했다가 했다. 하지만 사람들은 대개 그렇지 않은가? 관계란 건 대개 그렇지 않은가? 좋은 관계든 나쁜 관계든 그 관계들을 통해 나는 어른이 되었다고 생각한다.

나는 그들에게 이렇게 쓴다. '저는 이렇게 자라버렸습니다. 어때요? 당신은 제가 이런 사람이 될 거라고 상상한 적이 있나요?' 어쩌면 추신에는 본문에는 빙빙 돌려가며 하지 못한 진짜 속마음을 담는 거니까, 나는 이렇게 말하고 있는지도 모른다.

'당신들 덕분에, 저는 그럭저럭 사람 구실 하며 살고 있습니다. 고마워요.'

한수희

목차

중력이 있는 곳

패배의 기쁨

어른을 위한 용기

1

중력이 있는 곳

바베트가 말한 것

거의 매일 비슷한 시간에 일어난다. 해가 일찍 뜨는 봄부터 가을까지는 아침 4시에서 5시, 해가 늦게 뜨는 겨울에는 아침 6시에서 7시.

커피를 마시며 간단히 요기를 하고 아무도 눈을 뜨지 않은 어둑한 집 안에서 일을 하기 시작한다. 나는 아침형 인간이라서 이 시간에 가장 집중력이 좋다. 아니면 아이들이 먹을 아침을 대충 만들어놓고 작업실로 출근한다. 오전 중에 그날의 작업은 마무리된다. 언젠가부터 나는 일을 몰아서 하지 않기 위해 노력해 왔다. 일이 몰리면 삶의 질이 떨어지기 때문이다. 매일 조금씩 꾸준히. 그것이 나에게는 가장 적합한 작업 방식이다.

그다음은 가족의 생계를 위해 하는 일로, 대충 저녁 7시 정도면 끝이 난다. 집으로 돌아와 저녁 식사를 준비하고 밥을 먹고 설거지를 하고 어질러진 집 안을 청소하고 아이들의 이야기를 들어주고 세탁기를 돌리고 샤워를 하면 밤 10시 정도가 된다. 그제야 나는 책 한 권을 들고 방으로 들어갈 수 있다.

술 한 잔을 들고 갈 때도 있다. 책을 읽다 보면 졸음이 밀려오고 11시가 되기 전에 잠이 든다. 그리고 눈을 뜨면 다시 새벽이다. 나는 식탁으로 가서 일을 시작하고….

요즘 내 생활은 매일 이런 식이다. 그야말로 다람쥐 쳇바퀴 도는 생활. 그러나 나는 이런 쳇바퀴를 돌리기 위해 오랫동안 노력해 왔다. 아주 오랫동안. 아시다시피 인생이라는 것은 내 뜻대로 되지 않는 법이고, 때로는 엉덩이를 붙이고 앉아 있는 게 세상에서 가장 어렵다. 하지만 이렇게 쳇바퀴를 돌리며 살게 되자 나의 일, 그러니까 쓰는 일이 크게 고통스럽지는 않게 되었다.

아니, 사실을 고백하자면 즐겁다. 나는 글 쓰는 일이 즐겁다. 세상에서 이보다 더 즐거운 일을 찾기도 힘들 것 같다. 물론 쓰는 일이 내내 즐겁다는 말은 아니다. 하지만 괴로운 부분조차도 즐길 수 있다. 이 일은 내가 좋아하는 일이고, 내가 좋아하는 작가들이 하고 있는 일이기 때문이다. 그 사실이 가끔은 즐거워 미칠 지경이다. 믿거나 말거나.

얼마 전 짐 자무쉬의 새 영화가 나왔다는 소식을 듣고 감독도, 제작자도 아닌 내가 다 긴장이 됐다. 짐 자무쉬는 1990년대의 스타다. 사람은 나이를 먹을수록 더 괜찮아지는 경우가 드문데, 짐 자무쉬는 어떻게 되었을까. 초라한 복귀작에 실망하게 되는 건 아닐까.

그의 새 영화 〈패터슨〉은 패터슨시에 사는 패터슨이라는 버스 운전기사의 이야기다. 나처럼 이 사람도 매일 시계처럼 똑

같은 생활을 한다. 내게 글쓰기가 있는 것처럼 그에게도 시가 있다. 패터슨 씨는 운전을 하는 틈틈이 비밀 노트에 시를 쓴다. 그렇다고 자신을 시인이라고 생각하지도 않지만, 그저 버스 운전기사일 뿐이지만, 그래도 그는 시를 읽고 또 쓴다.

영화를 보고 나서 나는 안도했다. 짐 자무쉬는 나이를 먹어도, 아니 나이를 먹어서 더 괜찮은 사람이 된 것 같다. 영화는 단순하면서 아름다웠고, 독특하면서 따뜻했다. 보는 내내 마음이 차분히 가라앉으면서도 즐거웠고, 보고 나서는 기분 좋은 여운이 남았다. 무엇보다 짐 자무쉬의 새로운 이야기는 땅에 발을 단단히 붙이고 있었다. 그리고 나는 언제나 땅에 발을 단단히 붙인 사람들을 신뢰한다.

패터슨 씨는 자신의 생각이나 계획이나 꿈 같은 것들을 밖으로 드러내는 사람은 아니다. 그는 버스를 운전하며 승객들의 이야기를 엿듣고, 아내가 싸준 도시락으로 요기를 하고, 저녁이면 집으로 걸어가 아내가 만들어주는 괴상한 요리를 먹고, 매일 바뀌는 아내의 꿈을 경청하며, 별로 친하지 않은 강아지를 몰고 산책을 나가는 길에 단골 술집에서 맥주 한 잔을 마신다. 그러는 틈틈이 그는 시를 쓴다. 그의 시는 모두 이 단조로운 생활에서 영감을 받은 것이다.

그러게, 왜 무언가를 창조하기 위해서는 특별한 소재가 필요하다고, 특별한 삶을 살아야 한다고 생각하는 걸까. 왜 영감은 비일상적인 것에서 온다고 믿는 걸까. 왜 글을 쓰는 게 유별난 일로 여겨질까. 더 넓게 보는 것이 아니라, 더 깊이 보는 것이 중요할지도 모르는데.

덴마크에는 유틀란트라는 척박한 지역이 있다. 거친 바다 곁, 나무 한 그루 제대로 자라지 못하는 황량한 초원이 끝없이 펼쳐진 땅. 길고 춥고 혹독한 겨울. 바람을 피하려는 듯 낮게 엎드려 모인 회색 집들. 영화 〈바베트의 만찬〉의 가난한 유틀란트 사람들은 마른 빵에 맥주를 넣어 끓인 죽과 말린 생선을 넣은 수프만 먹으며 살아간다. 그들은 이 생기 없고 힘겨운 삶을 버티기 위해 종교에 깊이 의지한다.

마을에는 목사의 딸, 필리파와 마르티나 자매가 있다. 목사가 세상을 떠난 뒤에도 그들은 결혼하지 않고 검소하게 살면서 어려운 이들을 돕는다. 그러기 위해 그들은 개인적인 욕망을 포기했다. 연정을 고백한 남자를 뿌리치고, 유명한 가수가 되고픈 마음을 접었다. 아름다운 외모와 목소리라는 타고난 재능을 포기하고 살아가기로 한 것이다. 나이 든 그들은 가끔 지난날을 떠올리며 씁쓸해지기도 하지만, 불행하지는 않다. 그들에게는 소명의식이 있기 때문이다. 그들이 살아 마땅한 삶을 살고 있다는 확신이 있기 때문이다.

어느 날 자매의 집에 한 프랑스 여자가 나타난다. 그의 이름은 바베트로, 내전 때 남편과 아들을 잃고 오갈 데 없는 처지라고 했다. 그날부터 바베트는 월급도 받지 않고 자매의 집에서 요리와 집안일을 도맡게 된다. 성실한 바베트는 들판에서 자라는 야생 허브를 뜯어 수프에 넣고, 생선을 싸게 사서 남긴 돈으로 베이컨을 조금 사서 늘 먹던 요리에 맛을 더해 사람들을 기쁘게 한다. 그는 마을 사람들이 살아온 방식을 바꾸려 하지도 않고 자신을 완전히 지우지도 않은 채 묵묵히 일한다.

마을에 온 지 14년이 되는 해, 바베트 앞으로 편지 한 통이 도착한다. 프랑스를 떠나기 전 사둔 복권이 당첨되었다는 것이다. 이제 그는 부자가 되었다. 바베트는 자신을 거둬준 자매와 마을 사람들에게 보답하고 싶다며, 돌아가신 목사의 탄생 기념일에 프랑스식 만찬을 대접하게 해달라고 부탁한다. 곧 마을에는 살아 있는 거북이와 닭부터 소의 머리, 과일, 샴페인과 와인, 심지어 얼음까지, 프랑스에서 공수해 온 각종 진기하고 값비싼 음식 재료들이 도착한다.

자매와 마을 사람들은 서서히 불안해지기 시작한다. 바베트의 만찬이 우리가 애써 지켜온 삶의 틀을 무너뜨리지는 않을까. 절제와 금욕의 소중함을 잊게 되는 것은 아닐까. 그래서 그들은 바베트 몰래 다짐한다. 이 두려운 향락에 물들지 않기 위해 다들 힘을 모으자고. 바베트가 차린 만찬을 먹기는 하되 어떤 감상도 이야기하지 말자고.

만찬 날, 바베트는 프로페셔널하게 코스 요리를 차려낸다. 모든 것이 완벽하다. 잘 다림질한 새하얀 테이블보와 은촛대, 아름다운 식기들. 최고급 샴페인과 거북 수프와 끝없이 이어지는 진미들. 거칠고 소박한 식사에 만족하며 살아온 마을 사람들은 꿈에서조차 본 적 없는 것들이다. 그들은 감탄사를 내뱉지 않기 위해 최선을 다하며 열심히 식사를 마친다. 그러는 사이에 신의 힘으로도 막을 길 없던 그들 사이의 오랜 불화는 즐거움으로 누그러지고, 집으로 돌아가는 마을 사람들의 얼굴에는 전에 없던 만족감과 행복감이 가득하다. 골목으로 나온 사람들은 손을 맞잡고 삶을 찬양한다.

한편 만찬이 끝난 후 프랑스로 돌아갈 줄 알았던 바베트는 자매에게 이렇게 고백한다. 돌아갈 수 없다고. 이 만찬을 준비하느라 당첨금을 남김없이 다 써버렸다고. 자매는 충격을 받는다. "바베트, 이제 다시 가난하게 살아야 하잖아!" 그러자 바베트는 이렇게 답하는 것이다.

  "예술가는 가난하지 않아요."

그의 이 한마디는, 만찬이 성공적으로 마무리된 뒤 영광스러운 피로를 월계관처럼 걸치고 부뚜막에 앉아 커피를 마시던 그의 모습과 겹친다. 그리하여 우리는 이해할 수 있게 되는 것이다. 삶이 어떻게 예술이 되는지를. 부와 가난이란 무엇인지를. 사람은 무엇을 통해 살아 있다고 느끼는지를. 우리는 어떤 것을 끝까지 지켜내야 하는지를.

바베트는 또 이렇게 덧붙였다.

  "최선을 다하면 다른 사람들을 행복하게 만들 수 있지요. '예술가의 마음속 외침이 온 세상을 울린다. 내가 최선을 다

할 수 있게끔 나에게 휴가를 다오.'"

이것이 파리의 유명한 요리사이던 그가 타국의 척박한 마을에서 오랜 세월 이름 없이 살아가면서도 변함없이 당당했던 이유일 것이다. 그에게는 자신만의 예술이 있었기에. 그의 삶 자체가 바로 예술이었기에. 누가 인정하든 아니든 상관없이.

〈패터슨〉의 주인공 패터슨 씨는 퇴근길에 엄마를 기다리며 시를 쓰고 있는 소녀를 만난다. 소녀는 자기가 쓴 시를 읽어주고, 두 사람은 좋아하는 시인인 에밀리 디킨슨에 대해 이야기를 나눈다. 떠나면서 소녀는 그에게 이런 말을 던진다.

"에밀리 디킨슨을 좋아하는 버스 운전기사라니!"

패터슨 씨는 그 말을 듣고 복잡한 표정을 짓는다. 그 표정은 그가 마지막으로 쓴 〈한 소절*The line*〉 이라는 시를 떠올리게 한다.

흘러간 노래가 있다.
할아버지가 흥얼거리시던 노래.
이런 질문이 나온다.
"아니면 차라리 물고기가 될래?"
같은 노래에 같은 질문이 나온다.
노새와 돼지로 단어만 바꾼.

그런데 종종 내 머릿속에 맴도는 소절은 물고기 부분이다.

딱 그 한 소절만.

"차라리 물고기가 될래?"

마치 노래의 나머지는 노래 속에 없어도 되는 것처럼.

나에게 글쓰기는 산책과도 같다. 버스 노선과 집과 직장과 술집을 오가는 패터슨 씨의 산책길처럼. 나는 그 길을 나의 리듬과 속도로 걷는다. 나는 내가 어디로 가는지 알고, 이 길이 어디에서 어디로 이어져 있는지 안다. 하지만 그 길에서 무엇을 마주치게 될지는 알지 못한다. 게다가 나에게는 언제나 선택권이 있다. 이 길이 아닌 다른 길을 택할 선택권이. 어찌 됐든 집으로 돌아오기만 하면 되니까.

산책하면서 나는 가끔 그런 생각을 한다. 우리에게 내적인 삶이 없다면 이 잔인하기 짝이 없는 외적인 삶을 어떻게 견딜 수 있을까? 그러니 가난하지만 가난하지 않은 삶의 예술가가 된다는 것은 바로 우리의 내적인 삶이 얼마나 견고한지에 달려 있을 거라 믿고 싶다. 세상 물정 모르는 바보처럼, 언제까지고 그렇게 믿고 싶다.

〈패터슨〉(2016) | 짐 자무쉬
〈바베트의 만찬〉(1987) | 가브리엘 엑셀

열심히 했는데 안되면 어쩌죠?

TV에서 토크 콘서트를 보고 있는데, 진행자가 대입 재수 중이라는 스무 살 여자 관객과 잠깐 이야기를 나눴다. 이런 저런 이야기 끝에 관객은 눈물을 글썽이며 이렇게 물었다. "열심히 했는데 잘 안되면 어떻게 하죠?" 아아, 아가씨. 사실 저도 같은 고민을 할 때가 있답니다. 이렇게나 나이를 먹고도 말이에요.

이 책을 읽고 있는 사람들에게 나는 작가라거나 칼럼니스트 같은 직업을 가진 사람이겠지만, 실제의 나는 글 쓰는 일만 하며 살지는 않는다. 아니, 오히려 어떤 자리에서 작가 행세를 할 때면 연기라도 하고 있는 기분이 들어 민망해질 정도로, 평소 생활은 작가와는 별반 관계가 없다.

나는 영화를 공부하는 학생이었고, 잡지 기자였다. 한때는 동네 이상한 카페의 주인이었고, 아이들에게 영화 만들기를 가르치는 선생님이기도 했다. 지금 나는 남편과 함께 작은 사업을 하며 생계를 꾸린다. 회사원처럼 매일 사무실에 출근해 아침부터 저녁까지 일한다. 그렇다고 해도 하루 종일 동네를 벗어나지 않으니, 대충 동네 아주머니의 삶을 살고 있다고 봐도 무방할 것이다.

나의 뒤죽박죽 이력을 볼 때면 그런 생각이 든다. 이렇게 내가 어느 한 가지에 몰두하지 못하는 것은, 어느 하나에 모든 걸 다 걸지 못하는 이유는 핑계가 필요해서가 아닐까 하는. 그러니까 뭘 하다가 잘 안되었을 때 '내가 하는 일이 이거 하나가 아니라서', '시간이 부족해서', '별로 열심히 안 해서' 같은 핑계라도 댈 수 있으니까 말이다.

좀 더 아래로 파헤쳐 내려가면 거기에는 두려움이 숨어 있겠지. 열심히 했는데, 정말 열심히 했는데 잘 안되면 어떻게 하지? 모든 걸 다 걸었는데 나에게 재능도 실력도 운도, 아무것도 없다는 사실을 뒤늦게 깨닫게 되면 어떻게 하지? 끝내 아무것도 이루지 못하면 어떻게 하지? 이렇게 아무것도 아닌 채로 좌절감에 휩싸여 비참하게 늙어 죽는다면 어떻게 하지? 실패자가 되면 어떻게 하지?

미국 사람 존 말루프는 별 기대 없이 집 앞 경매장을 찾았다가 누군가가 찍은 필름 수십만 장을 단돈 380달러에 낙찰받는다. 인화되지 않은 필름은 무려 15만 장에 달했고, 그는 이걸 어찌해야 좋을지 알 수 없었다. 그래서 필름 일부를 스캔한 뒤 인터넷에 올려 사진이 어떠냐고 사람들에게 물었다.

반응은 폭발적이었다. 다들 끝내주는 사진이라고 했다. 그래서 그는 다른 사진도 모두 샀다. 사진을 찍은 사람의 창고에는 산더미 같은 잡동사니가 쌓여 있었다. 사진들, 오래된 신문들, 옷들, 쓰레기들. 수집벽이라도 있는 것처럼 뭐든 모으고, 미친 듯이 사진을 찍어댄 이 사람은 누구인가.

사진가의 이름은 비비안 마이어였다. 가족도 없이 혼자 살다 얼마 전에 죽은 괴팍한 할머니. 그는 평생 이 집 저 집을 떠돌며 보모 일로 생계를 꾸려 왔다. 그리고 한시도 목에 건 카메라를 놓지 않았다. 그는 모든 것을 찍었다. 돌보는 아이들을 찍었다. 지나가는 사람들을 찍었다. 평범한 하루하루를 찍고 특별한 사건을 찍었다. 부자들, 연예인들을 찍었다. 가난한 사람들, 홈리스들을 찍었다. 그는 게걸스럽게 찍었다. 사람들의 얼굴에 카메라를 바짝 들이대고 뻔뻔스럽게 찍었다.

그런 비비안 마이어의 사진들에는 멋진 작품을 남기겠다는 야심보다는 세상을 자신의 카메라에 담으려는 한 인간의 의지와 강박관념이 드러난다. 따뜻하면서도 무심하고, 가까이 다가가려 하면서도 거리를 두고, 상대에게 친근함과 경외감을 느끼는, 한 여자의 시선이 보인다. 인간을 신비한 존재로 바라보는 한 여자가 보인다. 그래서 이 사진들을 들여다볼수록 프레임 안의 인물들이 아닌 카메라 뒤에 숨은 여자, 비비안 마이어가 궁금해지는 것이다.

존 말루프는 그런 비비안 마이어의 흔적을 좇았다. 그의 사진을 모아 사진집을 출판하고 다큐멘터리 영화도 찍었다. 그 영화가 바로 〈비비안 마이어를 찾아서〉다. 존 말루프는 비비안 마이어의 고향인 프랑스의 시골 마을에도 다녀온다. 생전 그와 가까이 지낸 사람들을 만나고, 보모로 일하던 집의 가족들을 찾아간다.

어떤 이는 그를 좋은 사람으로 기억하지만, 어떤 이는 그에게서 학대를 당했다고 고백한다. 어떤 이는 그가 자기 이름조차 밝히기 싫어했다고 하고, 어떤 이는 그에게 편집증과 저장 강박이 있었다고 한다. 이를 통해 알아낸 것은 비비안 마이어가 구식 옷차림을 하고 남자처럼 성큼성큼 걸어 다니며 남들 눈은 신경 쓰지 않는, 그리고 자신의 삶 속으로 그 누구도 들이지 않은 고독한 여자였다는 사실이다.

다큐멘터리를 보고 난 후에도 비비안 마이어가 어떤 사람인지 명확해지지 않는다. 엄청나게 많은 사진과 물건을 남겼지만 정작 그의 삶은 영원히 수수께끼 속에 묻혀 있을 것이다. 그는 왜 누구에게도 자신의 사진을 보여주지 않은 걸까? 사진 찍는 사람으로서 그의 야심은 어떤 것이었을까? 그는 왜 이 사진들을 세상 밖으로 내보내지 않았을까? 무엇이 그를 가로막았을까? 대체 그는 왜 이 많은 사진을 찍은 걸까?

다큐멘터리 영화 〈망원동 인공위성〉의 주인공 송호준은 세계 최초로 개인 인공위성을 쏘아 올리려는 남자다. 나라도 기업도 단체도 아닌 일개 개인이, 그것도 돈 한 푼 없는 개인이 이 말도 안 되는 짓을 하려는 것이다. 대체 왜? 바로 그것이 이유다.

말도 안 되는 짓이 정말 말이 안 되는 걸까? 평범한 사람은 인공위성을 만들면 안 되는 걸까? 내가 인공위성을 만들고 인공위성 학회라는 데도 참가하고 그 인공위성을 우주로 쏘아 올린다면 그건 얼마나 멋질까? 모든 건 이 야심 차고 허황된 상상에서부터 시작되었다.

상상을 현실로 만들기 위해서 그는 빛 한 줄기 들지 않는 망원동 지하 작업실에서 악전고투를 계속한다. 인터넷상의 오픈 소스를 이용해 말 그대로 DIY 인공위성을 만들기 시작하지만, 뭐 하나 쉬운 게 없고 뭐 하나 제대로 되는 일이 없다. 돈도 없다. 인공위성 제작과 발사에 필요한 비용을 충당하기 위해 티셔츠 만 장을 만들어 팔겠다는 야무진 계획도 세웠건만, 티셔츠는 생각처럼 잘 팔리지 않는다.

그는 복잡한 인공위성의 설계도를 만들고 실물을 제작하는 동시에 티셔츠도 만들고 인터넷상에 광고를 하고 배송을 하면서 외국에서 열리는 학회에 참석하고 계약도 하러 가야 한다. 인공위성의 납품 기한과 발사 날짜는 다가오는데 아직 제대로 된 인공위성은 만들지도 못했다.

이 다큐멘터리의 러닝 타임 내내 송호준의 웃는 얼굴은 거의 볼 수 없다. 그는 지하 작업실에 처박혀서 괴로워하고 괴로워하고 괴로워한다. 신경질을 부리고 화를 내고 내놓고 욕을 한다. 체념해서 방바닥에 널브러지기도 하고 엄청난 스트레스에 몸에 이상도 생긴다. 하고 싶은 걸 하니 즐거우냐는 질문에 그는 이렇게 답한다.

"안 즐겁지. 독기로 버티는 거지."

그렇다면 그는 왜 이걸 하는 걸까? 싸구려 김밥으로 끼니를 때우고 몇 년 동안 지하방에 틀어박혀 돈 걱정을 하고 '내가 지금 뭘 하고 있나.' 하는 자조적인 질문을 퍼붓고 머리를 쥐어뜯으면서 그가 이루려는 것은 대체 무엇일까? 이렇게 힘든데 이걸 꼭 해야 할까? 이걸 해서 그가 얻는 건 뭘까?

몇 번의 작은 성공을 제외한다면 내내 실패만 하던 송호준은 결국 인공위성을 쏘는 데 성공했다. 우주를 향해 날아가는 인공위성을 보면서 벌판에서 훨훨 춤도 췄다. 그러나 인공위성은 아무 신호도 보내지 않는다. 그는 실패한 것일까? 서른한 살부터 서른여섯 살까지, 인공위성을 쏘겠다는 일념 하나로 달려온 그의 5년은 그저 '헛수고', 무모한 도전에 불과한 걸까? 그런 우리에게 송호준은 묻는다.

"궁금하더라고. 뭐가 성공이고 뭐가 실패야? 뭐가 실패한 거야? 티셔츠 만 장 팔고 쏜 거 많이 알려지면 그게 성공이야? 그건 아니잖아."

그의 말대로 무엇이 성공이고 무엇이 실패일까? 사실 그는 이 질문을 인공위성을 발사한 후가 아니라 훨씬 전에 했다. 그는 이미 자신이 무엇을 위해 이렇게 달리는지를 알고 있던 것이다.

산악인 라인홀트 메스너는 이렇게 말한 적이 있다. '성공적인 삶이란 존재하지 않는다. 그러나 무언가를 하고 있는 순간에는 성공적인 삶이 존재한다.' 사진을 찍는 순간, 멋진 피사체를 포착한 순간, 이게 좋은 사진일 거라는 확신을 갖는 순간, 비비안 마이어는 짜릿한 기쁨에 휩싸였을 것이다. 그 순간 그는 성공한 사람이었을 것이다. 아직 만들지도 않은 인공위성에 대한 '우주물체 예비등록증' 하나를 받은 송호준이 가슴속에 뭔지 모를 희망 같은 것이 차오른다며 기뻐한 것처럼.

하고 싶은 일을 하면 마냥 즐겁고 행복할 것 같은가? 그렇지 않다. 하루 24시간 웃음만 나올 리도, 꽃길만 걷는 기분일 리도 없다. 뭘 어떻게 해도 사는 건 힘들다. 그걸로 먹고 사는 건 더 힘들다.

그럼에도 하고 싶은 일을 해야 하는 이유는 어차피 힘들 거라면 하고 싶은 걸 하면서 힘든 쪽이 아닌 쪽보다 백 배, 천 배, 만 배는 낫기 때문이다. 아무리 힘들어도 하고 싶어서 하는 거니까 견딜 수 있기 때문이다. 누가 알아주건 말건 내가 좋아서 하는 일이니 버틸 수 있기 때문이다. 계속할 수 있는 힘이 생기기 때문이다. 하지만 말이 쉽지, 내가 그렇게 살 수 있을까 싶다. 좋아서 열심히 한 일에 실패했을 때는 더 큰 상처를 받을 것 같다.

그럴 때 나는 남들이 알아주지 않아도 지하실에 처박혀서 인공위성을 쏘기 위해 홀로 고군분투하는 남자들을 생각한다. 보모 일을 전전하면서 자신의 눈으로 세상을 기록하기 위해 열정을 불태우는 여자들을 생각한다. 그런 이들이 우리가 살아가는 이 세상의 어딘가에 분명히 존재한다는 사실을 떠올리면 마음이 든든해진다.

〈비비안 마이어를 찾아서〉(2013) | 존 말루프
〈망원동 인공위성〉(2013) | 김형주

어쩐지 미운 사람

베스트셀러에 적개심을 품고 있다.

아니다. 적개심까지는 아니다. 남들 다 읽는 책을 나까지 읽어줘야 하나, 싶어 심통이 날 뿐이다. 남들이 나와 똑같은 책을 읽고 있을 거라고 생각하면 어쩐지 기분이 나쁘다.

기시미 이치로와 고가 후미타케가 쓴 《미움받을 용기》와 마스다 미리의 《아무래도 싫은 사람》이라는 두 권의 베스트셀러는 순전히 필요해서 읽은 책이다. 일단 제목에 낚였다. 당시의 괴로운 인간관계 때문에 썩은 동아줄이라도 잡아야 했던 것이다. 나는 마음이 힘들고 머릿속이 복잡할 때면 남들이 병원에 가거나 점을 보거나 술을 마시는 것처럼 책을 읽는다. 그것도 미친 듯이.

인간관계에서 상처받지 않는 것은 기본적으로 불가능해. 인간관계에 발을 들여놓으면 크든 작든 상처를 받게 되어 있고, 자네 역시 누군가에게 상처를 주게 되지. 아들러는 말했네. "고민을 없애려면 우주공간에서 그저 홀로 살아가는 수밖에 없다." 하지만 그것은 불가능하지.

　　- 기시미 이치로·고가 후미타케,《미움받을 용기》중에서

철학자 알프레드 아들러의 사상을 대화로 풀어낸《미움받을 용기》는 당시 수개월째 베스트셀러 1위 자리에 올라 있었다. 나처럼 많은 사람들이 이 책의 제목에 끌렸기 때문일 것이다. '미움받을 용기'라니. '미움받지 않는 법', '사랑받는 사람이 되는 법', '미운 사람에게 떡 하나 더 주는 법', '진상 성격 뜯어고치는 법'이 아니라 미움을 받을 '용기'라니.

그럼 이젠 미움받고 살아도 괜찮단 말인가. 남들에게 잘 보이려 전전긍긍하지 않아도 괜찮단 말인가. 남에게 미움이나 받는 나를 미워하지 않고 살아도 괜찮단 말인가. 이렇게 못난 나를 뜯어고치지 않아도 괜찮단 말인가. 남들일랑 신경 쓰지 않고 뻔뻔하게 살아도 괜찮단 말인가.

이 책의 제목은 어쩐지 성인이 되어 다시 만난, 초등학교 시절 나를 예뻐하던 담임 선생님의 격려처럼 들린다. "자네는 좋은 학생이었지. 그러니 좋은 어른이 될 것을 믿어 의심치 않네."

인간은 모두 인간관계로 고민하고 괴로워하네. 이를테면 부모님과 형의 관계일 수도 있고, 직장동료와의 관계일 수도 있지. 그리고 지난번에 자네가 말했지? 더 구체적인 방법이 필요하다고. 내 제안은 이렇네. 먼저 '이것은 누구의 과제인가'를 생각하게. 그리고 과제를 분리하게. 어디까지가 내 과제이고, 어디서부터가 타인의 과제인가. 냉정하

게 선을 긋는 걸세. 그리고 누구도 내 과제에 개입시키지 말고, 나도 타인의 과제에 개입하지 않는다.

　- 기시미 이치로·고가 후미타케, 《미움받을 용기》 중에서

아들러는 모든 고민은 인간관계에서 비롯된 것이라 단언한다. 단언하는 사람에게 약한 나는 뭔가 이상하다고 느끼면서도 말 잘 듣는 강아지처럼 그를 졸졸 쫓아간다.

그에 따르면 어떤 종류의 고민이든 거기에는 타인의 그림자가 드리워져 있다. 그 고민에서 벗어나는 방법은 결국 미움받는 것을 불사하고서라도 용기 있게 자신만의 삶을 살아가는 것이다. 바꿔 말하면 자신만의 삶을 살아갈 용기가 없어서 우리는 타인의 시선과 의견과 기대와 존재 자체에 쉽게 휘둘린다는 말이다. 물론 우리 역시 타인이 자신만의 삶을 살아갈 권리를 인정하지 못한다. 이에 대한 아들러 선생님의 처방은 남들일랑 신경 쓰지 말고 멋대로 살라는 것이다.

아아, 그게 말처럼 그렇게 쉬운 거였다면 이런 책을 펼치지도 않았겠지요. 안 그렇습니까, 아들러 선생님? 그나저나 남들 눈치 따위는 보지 않고 미움받을 용기로 살아가는 아들러 선생님은 대체 어떻게 이렇게 미움에 대해 잘 알고 계시는 거죠?

아들러의 단언이 하소연하러 나갔다 3박 4일 해병대 캠프에 끌려가 정신무장을 당하고 돌아온 것처럼 부담스럽다면, 마스다 미리의 가볍고 따뜻한 만화가 미움을 다스리는 데 도움이 될지 모르겠다.

한때 마스다 미리의 만화책이며 에세이 등이 거의 동시다발적으로 쏟아져 나와서, 거리를 점령한 안동찜닭집이며 대만 카스테라집, 마라탕집 간판을 보는 것처럼 착잡한 기분이 들곤 했다. 하지만 그것은 마스다 미리의 잘못이 아니지. 마스다 미리는 지금 우리에게 필요한 이야기를, 뻔한 이야기인 것처럼 하다가 어느 순간 '속았지? 난 그렇게 뻔한 여자 아니거든.' 하며 돌려버리는 식으로 들려준다. 아무튼 그 방면에서는 독보적이다.

《아무래도 싫은 사람》은 제목 그대로 아무래도 싫은 사람에 대한 이야기다. 카페의 점장으로 일하는 수짱은 사장의 친척인 점원 무카이 때문에 괴롭다. 무카이는 이런 사람이다. 사사건건 불평만 하는 사람, 남의 험담을 늘어놓는 사람, 농담처럼 비꼬기를 잘하는 사람. 점장인 자신을 제쳐두고 아르바이트 사원들에게 정사원을 시켜주겠다고 약속하는 사람. 심지어 수짱을 따돌리는 사람. 이런 사람을 어떻게 싫어하지 않을 수 있을까? 이런 사람을 어떻게 미워하지 않을 수 있을까? 아들러 선생님, 이런 사람도 미워하지 않는 것이 과연 가능합니까? 쥐어박기나 돌려차기 없이도 이런 사람을 그만 미워하는 방법이 있다면 좀 알려주시기 바랍니다!

싫어하는 사람의 장점을 찾기도 하고 싫어하는 사람을 좋아하려고 노력하기도 하고 그러다 그것이 안 되면, 자신이 나쁜 사람 같아서 다시 괴로워져.

- 마스다 미리, 《아무래도 싫은 사람》 중에서

싫어하는 사람은 잊고 있던 (하기 싫은) 숙제나 미루고 미루던 (하기 싫은) 일 같다. 아무 걱정 없이 멍하니 앉아 있다가도 무언가 찝찝하고 어두운 기운이 마음 한구석에서부터 조금씩 퍼져 나간다. 바로 그 사람이다.

사랑하는 사람도 아닌 싫어하는 사람을 하루 종일 생각해야 한다. 그를 미워하고, 과거에 그가 했던 말과 행동을 하나하나 분석하고, 그래서 너는 그렇게 미운 인간이 될 수밖에 없었을 것이라는 결론을 이끌어내고, 미워하는 마음에 가속도를 붙이고 불을 지핀다. 그렇게 시간을 보내다 보면 어느 순간 나는 이글이글 타오르는 미움의 불길에 휩싸여 있다. 이 정도의 에너지라면 뭔 일을 해도 할 것 같다. 발전소를 하나 지을 수 있을지도 모른다. 누군가를 미워하고 싫어해서 가장 괴로운 점은 이렇듯 미움에 엄청난 에너지를 써야 한다는 점이다. 내 아까운 에너지!

마스다 미리는 대놓고 이야기하기 뭣한 사소하고, 심지어 쪼잔하기까지 한 이런 감정들을 전면에 드러내 누군가를 싫어한다는 것이 어떤 것인지에 대해 이야기한다. 그래서 우리는 이 감정이 단지 나 혼자만의 감정이 아니라는 것을, 사람은 누구나 이런 감정을 다루는 방법을 배우며 살아간다는 것을 알게 된다.

그런 의미에서 마스다 미리가 우리에게 주는 것은 또 다른 종류의 용기다. 당신만 그런 게 아니야. 누구나 누군가를 미워하고 싫어하면서 살아가고 있어. 그러니 이런 건 아주 자연스러운 게 아닐까. 우리 용기를 내어 이 상황을 헤쳐 나가 보자.

사소하게 싫은 몇 개가 마치 장롱 뒤의 먼지처럼 조금씩 조금씩 쌓여가고 커다란 먼지뭉치가 된다. 그렇게 청소기로 빨아들일 수 없을 정도로, 미움이 커진다.

       - 마스다 미리,《아무래도 싫은 사람》중에서

미움이라는 감정은 아주 작은 곳에서부터 싹튼다. 처음에는 대수롭지 않게 넘긴(그렇게 해보자고 마음먹은) 일이 쌓이고 쌓여 어느 순간 못 견디게 성미를 긁는 것이다. 어쩌면 그것은 처음에는 좋아하던 그의 어떤 면이었을 수도 있다. 사실상 호감이 미움으로 바뀌는 데는 특별한 이유가 없다. 그저 상대와 내가 너무 가까이 있었기 때문인지도 모르는 것이다.

    손을 내밀면 닿을 수 있되 상대의 영역에는 발을 들이지 않는 거리. 그런 적당한 거리를 유지하는 것이 중요하다네.

    - 기시미 이치로·고가 후미타케,《미움받을 용기》중에서

나에게는 수없이 많은 미움의 역사가 있다. 이유 없이 누군가에게 미움받은 날도, 이유 없이 누군가를 미워한 날도 있다. 가까운 사람을 미워한 날도, 멀리 있는 사람을 미워한 날도 있다. 누군가가 미워서 잠 못 이룬 날도, 내 미움이 정당한지 나 자신에게 묻고 또 묻던 날도, 그에게 내 미움을 어떤 식으로 드러내거나 또는 어떤 식으로 감춰야 할지 몰라 고민한 날도 있다. 내가 그 역사를 통해 얻은 유일한 교훈도 거리 두기에 관한 것이다.

어쩌면 우리가 너무 가까이 있던 것은 아닐까. 멀어져야 할 때 멀어지는 방법을 몰랐던 것은 아닐까. 나는 적당한 거리를 유지하는 법을 몰랐고, 또 아직도 모르는 것은 아닐까.

《미움받을 용기》에 나온 대로, 어쩌면 내가 타인의 과제를 침범한 것은 아니었을까. 지금도 그러고 있는 것은 아닐까. 나의 과제와 타인의 과제를 분리하지 못했기에 그를 미워하게 된 것은 아닐까. 반대로 그래서 또 미움을 받게 된 것은 아닐까.

물론 거리 두기가 미움에서 벗어나기 위한 최고의 해결책은 아니다. 하지만 최소한의 해결책, 우리가 쓸 수 있는 거의 유일한 패인 것은 확실하다. 미움의 덫은 다양한 형태의 지옥으로 연결되는데, 인간의 힘으로 그 지옥에서 빠져나온다는 건 거의 불가능하기 때문이다. 우리가 할 수 있는 일은 오로지 그곳에서 떨어져 나오는 것, 덫이 보이면 걸려들지 않기 위해 최선을 다하는 것, 거리를 두는 것뿐이다.

나, 나쁘지 않아. 누가 뭐라고 해도 그곳에서 도망가는 내가 맞는 거야. 그 사람을 싫어하는 나도 틀리지 않아. 라고, 생각해도 되겠지. 그렇게 생각해도 되는 거지. 그래도 되는 거지, 나.

- 마스다 미리, 《아무래도 싫은 사람》 중에서

몇 년 전 누군가를 심하게 미워했었다. 지금은 가볍게 이야기할 수 있지만, 사실 자다가 깨어나 위가 쪼그라드는 아픔에 몸부림을 칠 정도로 심각한 미움의 덫이었다. 만약 내가 그 덫에 여전히 갇혀 있었더라면 나는 이 글을 쓰지 못했을 것이다. 미움의 한가운데서 미움을 이야기하기란 불가능하다.

내가 그 덫에서 벗어난 방법은 이것이었다. 나는 포기했다. 그와의 관계를 포기했다. 어떤 식으로도 우리는 예전으로 돌아갈 수 없을 것이었다. 미움은 점점 더 깊어지고 점점 더 강해져서, 이유도, 목적도 없이 저 혼자 날뛸 것이었다. 그러니 우리는 더 이상 보지 않는 것이 나았다.

사실 나는 잘 포기하지 않는 사람이다. 이걸 장점이라고 부를 수 있을지 모르겠지만 나는 좀 끈질긴 편이다. 그럼에도 이번만큼은 포기해야 했다. 아쉽고 안타깝고 부끄러운 일이지만 아무리 해도 엉키고 엉킨 실타래를 풀 수가 없다면, 나와 맞지 않는 것을 빼고는 죽을죄를 지은 것도 아닌 사람을 미워하고 또 미워해야 한다면, 그냥 그 실타래를 끊어 버리는 것이 나았다. 더불어 포기하는 법도 배워야 했다. 모든 사람이 나를 좋아할 수 없고 나 또한 모든 사람을 좋아할 수 없다. 도무지 받아들일 수 없는 상대의 존재와 인격을 인정하는 법도 배워야 했다. 붙잡고 있는 것만이 능사는 아니었다. 우리는 최선을 다했다. 이제는 패배를 인정해야 했다.

포기라는 말에는 원래 '명확하게 보다'라는 의미가 담겨 있다네. 만물의 진리를 단단히 확인하는 것. 그것이 '포기'라네.
- 기시미 이치로·고가 후미타케,《미움받을 용기》중에서

앞으로는 미움 없이 살 수 있을까. 자신이 없다. 사랑도 미

37

움도 인간이라면 누구나 겪어야 할 감정이라고 생각한다. 이 세상에는 내가 싫어하는 사람도 있고, 반대로 나를 싫어하는 사람도 있을 것이다. 누군가를 죽도록 미워하는 날도 다시 올 것이고, 누군가에게 죽도록 미움받는 날도 다시 올 것이다. 그럴 때 대체 무엇을 할 수 있을까. 어떻게 이 지옥을 벗어날 수 있을까. 그게 과연 가능이나 할까.

그럴 때 작은 위로나 힘이 될 만한 것은 겨우 이런 이야기, 이렇게나 지당한 이야기일 뿐이다.

유대교 교리 중에 이런 말이 있네. "열 명의 사람이 있다면 그중 한 사람은 반드시 당신을 비판한다. 당신을 싫어하고, 당신 역시 그를 좋아하지 않는다. 그리고 그 열 명 중 두 사람은 당신과 서로 모든 것을 받아주는 더없는 벗이 된다. 남은 일곱 명은 이도저도 아닌 사람들이다." 이때 나를 싫어하는 한 명에게 주목할 것인가, 아니면 나를 사랑해주는 두 사람에게 집중할 것인가, 혹은 남은 일곱 사람에게 주목할 것인가? 그게 관건이야. 인생의 조화가 결여된 사람은 나를 싫어하는 한 명만 보고 '세계'를 판단하지.
    - 기시미 이치로 · 고가 후미타케,《미움받을 용기》중에서

어쩌면 이 이야기의 방점은 '인생의 조화'에 있을지도 모른다. 그럴 거란 생각이 든다.

《미움받을 용기》| 기시미 이치로 · 고가 후미타케 | 인플루엔셜
《아무래도 싫은 사람》| 마스다 미리 | 이봄

작은 집, 넓은 방

20대에 나는 이런저런 방을 전전하며 살았다. 스무 살에 처음 가진 내 방은 서울과 경기도의 경계에 있는(아마 지금은 위례 신도시가 되었을 것이다) 군인 자녀 기숙사였다. 대중교통도 제대로 다니지 않는 이상한 위치인데다 사감도 군인, 일하는 사람들도 군인, 심지어 근처 지하철역을 오가는 셔틀버스도 군대 버스였고, 식당 메뉴도 군대식이었다. 입대라도 한 기분이었다. 거의 공짜에 가까운 기숙사비에 시설도 나쁘지 않았기 때문에 대학 2학년이 될 때까지는 참고 살 수밖에 없었지만, 속으로는 이제나 저제나 탈출할 타이밍만 꿈꾸고 있었다.

결정적으로 그 방에서 더 이상 살 수 없었던 가장 큰 이유는 연애였다. 남자친구와 제대로 된 연애를 하려면 '방'이, 누구의 허락도 없이 드나들 수 있는 내 '방'이 필요했던 것이다. 결국 3학년이 되는 해에 기숙사를 뛰쳐나와 대학 친구와 함께 자취방을 구했다. 보증금 100만 원에 월세 15만 원. 그 당시에도 말도 안 되게 싼 방이었다. 그걸 방이라고 부를 수 있다면 말이지.

그 방은 단독주택의 지하실을 나눠 몇 개의 방으로 만든 것이었다. 목욕은 부엌에서 해야 했고 화장실은 마당에 따로 있었다. 장마가 시작되면 방바닥 위로 물이 차올랐다. 그런 방에서 우리는 그런 대로 잘 먹고 잘 살았다. 매일 밤 MT라도 온 것처럼 술을 퍼마셨고, 연애도 했고, 지하철이 끊겨 집으로 못 가는 불쌍한 중생들을 거둬주기도 했다. 인간이 방에서 할 수 있는 일이란 일은 다 했다.

내가 대학을 졸업한 해에 동생이 대학에 입학해 서울로 올라오는 바람에 부모님의 도움을 받아 겨우 지하방을 탈출해 반지하방으로 이사를 할 수 있었다. 번듯한 철문이 달린 것만으로도 출세라도 한 것 같은 기분이 들었다. 2년 후 직장을 옮기고 살림살이가 좀 나아져서 이번에는 2층에 있는 방으로 이사를 했다. 오후가 되면 빛이 쏟아져 들어오는 그럭저럭 깨끗한 부엌과 꽤 넉넉한 방이 두 개나 있는, 이 정도면 정말 신분 상승이라도 한 것 같은 방이었다. 그럼에도 그 방은 여전히 방이었다. 집이 아니라.

그 방들에서 나는 더 이상 내가 아이가 아니라는 사실을 깨달았다. 지난 20여 년간 나는 부모님이 시키고 가르쳐준 대로 살았다. 하지만 이제는 아니었다. 나는 어른이었고 누구의 도움도 없이 내 삶을 헤쳐 나가야만 했다. 부동산 계약서를 작성하고 전입신고를 하는 일부터 매 끼니를 챙겨 먹고 화장실을 청소하고 형광등을 갈고 곰팡이를 제거하는 일, 월세와 전기요금과 수도요금과 가스요금을 제때 납부하는 일, 도둑이 들었을 때 경찰에 신고하고 보일러가 터졌을 때 집주인과 싸우는 일. 그 모든 일들이 나의 몫이었다.

그 삶은 자유롭고 홀가분할 때도 있었지만 대체로 외롭고 힘겨웠다. 그 방들을 옮겨 다니던 많은 날들을 나는 울적함과 눈물, 헛발질로 보내야만 했다.

바로 그런 이유로 영화 〈소공녀〉의 주인공 미소가 산동네를 돌아다니며 방을 구하는 장면을 보면서 나는 피식피식 웃다가 문득 서글퍼지다가 했다. 서울의 방들은 가진 돈에 비해 너무 비싸고, 비싼 돈에 비해 너무 후지다. 언제나 그렇다. 공인중개사 아주머니들은 곰팡이도 락스와 정신승리로 이겨낼 수 있다고 믿는 초긍정주의자들이다. 부동산 순회를 마치고 돌아올 때마다 신발 밑창에 들러붙어 걸음을 무겁게 하던 막막함과 우울함. 이 넓은 서울에서 내가 누울 깨끗한 방 하나 구하는 게 이렇게 어렵구나.

〈소공녀〉는 미소라는 젊은 여자가, 아니 더 이상 젊다고 말하기 힘든 가난한 여자가 하룻밤 몸 누일 곳을 찾아 헤매는 이야기다. 미소에게는 가족도, 돈도, 집도 없다. 직업은 비정기적 가사 도우미. 좋아하는 바에 들러 담배를 태우며 위스키 한 잔을 천천히 음미하는 것, 남자친구와 소박한 데이트를 즐기는 것이 미소의 유일한 낙이다.

그러나 아무리 일을 해도 마이너스를 기록하는 생활. 먹을 쌀은 떨어지고 난방이 되지 않는 단칸방은 너무 추워 옷을 벗고 남자친구와 사랑을 나눌 수조차 없다. 담뱃값도 오르고 월세도 오르지만 살림살이는 나아지지 않는다. 밤마다 계산에 계산을 거듭하던 미소는 단순하고도 획기적인 결단을 내린다. 그래, 집을 포기하자. 빚지고 사는 것보다는 그게 낫다.

방을 나온 미소는 배낭을 메고 슈트케이스를 끌고서 하룻밤의 잠자리를 찾아 서울 시내를 헤매는 신세가 된다. 미소가 찾아간 오래전 밴드의 멤버들은 그를 반겨주기도 하고 떨떠름하게 밀어내기도 한다. 그런 그들에게도 저마다 사정이 있다. 자신의 팔뚝에 직접 영양제를 주사하며 격무와 야근을 버티는 이, 좁은 집에서 시부모를 모시며 끝없는 가사노동에서 헤어나지 못하는 이, 이혼을 하고 우울증에 시달리며 버는 돈의 대부분을 아파트 대출금을 갚는 데 쓰는 이, 남부럽지 않게 잘 살지만 늘 남편과 시댁의 눈치를 봐야 하는 이.

내게 만일 미소 같은 친구가 있었다면, 그런 친구가 하룻밤, 아니 더 많은 밤을 재워달라고 한다면 나는 어떻게 했을까. 어쩌면 나는 미소를 불편해하거나 한심해했을 것이다. 미소의 옛 친구들처럼. 그리고 이렇게 잔소리를 늘어놓았겠지. 가서 제대로 된 직업을 구해. 돈을 벌고 방을 빌려. 제대로 된 방을. 그리고 그 방 안을 네가 원하는 것들로 채워. 담배든 위스키든, 연인과의 즐거운 시간이든 그 방 안에서 다 할 수 있다고. 왜 방을 포기하고 그 모든 걸 길 위에서 찾아 헤매는 거니? 이렇게 쓰고 나서 생각해 보니, 방을 위해서 우리는 이 모든 것을 감내하고 있구나. 방에 있을 시간조차 없을 정도로 길고 긴 하루하루를. 어쩌면 인생 전체를. 그래, 그러고 보면 나는 그 시절로 돌아가게 될까 무서워서, 가진 돈과 원하는 방 사이의 간극이 좀처럼 좁혀지지 않던 그 시절로 돌아가게 될까 무서워서, 그게 무서워서 이렇게 미친 듯이 일하고 불안해하며 살아가고 있는지도 몰라.

"난 갈 데가 없는 게 아니라 여행 중인 거야."

어디에서도 환영받지 못하는 떠돌이 생활을 하는 와중에도 미소는 기죽지 않는다. 눈치 보지도 않는다. 사람들에게 친절하고 다정하지만 자신에게 소중한 것들을 함부로 팔지 않는다. 빚지지 않고 살기 위해 최선을 다한다. 백발로 변해가는 긴 머리를 흩날리면서, 옷을 잔뜩 껴입고, 커다란 가방을 둘러메고 또 질질 끌면서 미소는 서울의 거리를 헤맨다. 여전히 담배를 태우고 위스키를 마시면서. 마치 오래전 전설처럼. 그 모습은 미소의 친구들이 말하는 것처럼, 멋있다.

집은 없어도 취향은 있다는 미소가 시티 라이프를 포기 할 수 없다면, 영화 〈리틀 포레스트〉의 혜원이라는 처녀는 과감히 도시를 등지기로 결심한다. 그럴 수 있는 이유는 고향집이라는 비빌 언덕이 있기 때문이다. 대학 입학 후 도시로 떠났다가 임용고시에서 떨어진 어느 날 혜원은 다시 고향으로 돌아온다. 엄마와 단둘이 살던, 엄마가 편지 한 통 남겨놓고 사라져버린 빈 집으로. 그날부터 혜원의 시골살이는 시작된다. 매일 씨를 뿌리고 모를 심고 잡초를 솎아내고 밭에서 거둔 것들로 요리해 먹는 고되고 단순한 시골살이.

힘든 농사일 틈틈이 혜원은 엄마의 레시피대로 맛있는 요리를 해 먹고 친구들과 즐거운 시간을 보내며 도시에서 굳어진 몸과 마음을 부드럽게 풀어 나간다. 혜원에게 어린 시절 엄마의 가르침은 곧 시골 생활의 가르침이다. 엄마는 부족한 것들로도 어떻게든 즐겁게 살아가는 법을, 씨를 뿌린 뒤 느긋하게 기다리는 법을, 천천히 가면서도 제대로 가는 법을, 우리를 둘러싼 모든 것들과 조화를 이루며 살아가는 법을 알려주었다. 그러나 뭐든 배울 때는 그것의 쓸모를, 진정한 의미를 깨닫지 못하는 법이다. 엄마 없이 혼자서 꾸려 나가는 시골 생활을 통해 엄마의 가르침은 비로소 혜원의 것이 된다.

엄마가 혜원을, 이 집을 떠난 이유는 자기 자신에게 기회를 주기 위해서였다. 지금껏 타인을 위해 살았으니 이제는 자신만을 위해 살아보고 싶었다고 했다. 그러나 이렇게 건강히 자란 혜원을 보면 엄마는 딸에게도 기회를 주려 했던 것이 아닐까 싶다. 엄마의 가치관과 영향력에서 벗어나 자신만의 삶을 선택하고 살아볼 수 있는 기회를. 스스로 경험하고 느끼고 깨달은 것이야말로 진짜니까. 그리고 이곳을 떠난 후에도 다시 돌아오고 싶다면, 네가 있어야 할 자리가 여기라고 느낀다면, 그것이 바로 너의 삶이니 그때는 너의 선택을 믿기를. 엄마는 바로 그런 이유로 이 집을, 시골을, 딸을 떠났을 것이다. 그러나 시골집으로 돌아와 한 해를 나고도 혜원은 여전히 여기에 마음을 붙이지 못했다. 어디에서 살아야 할지, 어떻게 살아야 할지 아직 정하지 못했기 때문이다.

우리가 사는 장소는 어쩌면 집과 방으로 나뉠 것이다. 작아도 집인 곳이 있고 커도 방인 곳이 있다. 방은 개인적이고 폐쇄적인 장소다. 모든 것들이 간이역처럼 일시적이고 과도기적이다. 어딘가로 향하는 여정의 가운데에 있을 뿐, 여전히 어딘가에 당도하지는 못한 느낌. 방은 이곳을 나가 다음 장소로 가야 할 것 같은 예감을 품고 있다. 그런 의미에서 방은 여행자의 그것과 같다. 여행할 때 묵는 숙소를 집이라고 부르지는 않듯이. 그리고 사람은 언젠가는 방이 아닌 집을 택해야 한다.

농사에는 아주심기라는 것이 있다. 씨앗을 하우스에서 모종으로 키운 뒤 건강한 싹만을 골라 밭에 심어 자라게 하는 방식을 말한다. 서울로 돌아가 겨울을 난 후 봄이 되어 혜원이 다시 시골로 돌아왔을 때, 그때 혜원의 시골집은 더 이상 방이 아닌 집이 되었을 것이다. 혜원이 오래도록 지키고 가꿔가며 뿌리내려 살아갈 장소. 아주심기를 할 장소. 그 결정을 위해 혜원에게는 한 번 더 이곳을 떠나 생각할 시간이 필요했을 것이다.

혜원과 미소는 아니라고 느낄 때 과감히 자리를 박차고 나와 새로운 삶을 실험할 용기와 강단이 있는 처녀들이다. 그래서 미소는 집 없이 떠도는 여행을 했고, 혜원은 귀촌을 했다. 두 사람의 선택은 각기 다른 방식으로 파격적이고 또 건강하다. 당연하다고 여겨지는 것들을 뒤로하고 떠남으로써 그들은 각자의 자유와 존엄을 지킬 수 있었다.

미소는, 결국 벌판에 텐트를 친 미소는 언젠가 자신만의 집을 갖게 될까. 아마 그럴 것이다. 그 집은 미소가 가진 돈으로 구할 수 있는 아주 낡고 아주 작은 집일 것이다. 빚을 지지 않고, 자유와 행복을 팔아넘기지 않고서도 얻을 수 있는 집. 그럼에도 그 집은 무척 근사할 것 같다. 미소는 집이 없어도 생각과 취향은 있는 사람이니까. 미소는 집이 어떤 곳이어야 하는지를 잘 아는 사람이니까.

미소의 집은 무척 작을 테지만 그 안의 방은 무척 넓을 것이다. 그리하여 미소는 집에서도 늘 여행하는 마음으로 살 것이다. 누군가 자신의 집을 찾아오면 미소는 언제나 미소를 지으며 그들을 불편함 없이 맞을 것이다.

어쩌면 집이란 건 빈틈없는 요새가 아니라, 문이 열린 커다란 방 같은 곳일 테니까.

〈소공녀〉(2017) | 전고운
〈리틀 포레스트〉(2018) | 임순례

파니 핑크, 내 인생엔 네가 필요해

결혼을 하고 아이를 낳으면 외로움에 대해서는 까맣게 잊게 된다. 외로움이니 고독이니 하는 말 같은 것은 유부녀에게는 사치다. 대파나 두부나 감자로 가득 찬 장바구니에 끼어든 마카롱 같은 것이다. 그러다 어느 순간 그 마카롱에 곰팡이가 피었다는 사실을 깨닫게 된다.

나 없이는 못 살던 아이들이 걸음마를 시작하고, 각종 교육기관에 입소하고, 혼자 밥을 먹고, 혼자 화장실에 가고, 혼자 친구 집에 놀러 다닌다. 그제야 덜컥 두려움이 밀려든다. 제발좀 외로워 보고 싶다고 징징대던 나는, 외로움이 얼마나 무서운 것인지를 까맣게 잊어버린 것이다.

20대 중반에 혼자 살 때였다. 어느 밤, 늦게 퇴근해 집에 들어가려다가 문득 2층 내 방 창문을 올려다보았다. 불 꺼진 창문을 보는 순간 사는 게 몸서리치게 지겨워졌다. 도저히 열쇠를 돌려 문을 열고 집 안으로 들어가 불을 켤 자신이 없었다. 나는 그대로 발길을 돌려 전철과 버스를 몇 번이나 갈아타고 밤 12시가 다 된 시간에 평택의 부모님 집에 도착했다.

그리고 다음 날 새벽에 다시 전철과 버스를 갈아타고 출근을 했다.

어느 순간 나는 다시 그때처럼 외로워질 것이다. 아니, 오히려 그때보다 더 외로워지겠지. 그때는 잃을 게 아무것도 없었지만 이제 나는 계속해서 모든 것을 잃어갈 것이므로. 아이들은 더 이상 나를 찾지 않을 것이고, 남편은 그러지 않아도 어깨가 무거운 마당에 내 외로움까지 짊어지고 싶지는 않을 것이다. 부모님은 더 이상 늙은 딸을 반기지 않을 것이다. 건강하게 살아나 계시면 다행일 것이다. 친구들은 각자 자기 문제로 바쁠 것이고, 틈만 나면 징징대는 나를 지겨워할 것이다. 세상은 나란 존재를 기억조차 못할 것이다.

그래서 나이 들고 외로운 우리는 먹을 것이다. 먹는 데 생사라도 걸린 듯 먹을 것이다. 입이 찢어져라 쑤셔 넣고 땀을 뻘뻘 흘리고 "크아, 시원하다!" 소리를 지르고 엄지손가락을 치켜들 것이다. TV를 켜고 출생의 비밀, 부모의 복수로 점철된 주말 드라마가 시작되기만을 기다릴 것이다. 배가 점점 불러와 단추가 잘 안 잠겨도, 어이가 없어 뒷골이 당겨도 그 순간만은 잊을 수 있기 때문이다. 내가 외롭다는 사실을.

도리스 되리의 영화 〈파니 핑크〉의 주인공 파니 핑크는 공항 검색대 직원이다. 특이한 디자인의 모자, 해골 귀걸이, 검고 긴 코트로 온몸을 감싼 그는 '서른 넘은 여자가 결혼할 확률은 원자폭탄 맞을 확률보다 낮다'는 말에 존재론적 공포심을 느끼는 스물아홉 살의 애인 없는 여자다(영화가 만들어진 때가 1990년대라는 사실을 감안하시길). 이 외롭고 공허한 삶을 혼자 헤쳐 나가야 한다는 두려움은 죽음에 대한 호기심과 집착으로 연결된다. 파니 핑크의 방에는 관이 하나 있고, 그는 그 안에 누워 "나는 강하다, 나는 아름답다, 나는 똑똑하다, 나는 사랑하고 사랑받는다."라고 되뇐다. 그런 파니 핑크가 듣고 싶은 말은 이것이다.

"파니 핑크, 내 인생엔 네가 필요해."

자신을 사랑해 줄 사람이 나타나기만을 오매불망 기다리던 파니 핑크는 같은 아파트에 사는 묘한 흑인 남자 오르페오에게 점을 보는데, 그는 긴 금발에 푸른 눈, 고급 양복을 입고 차 번호판에 23이라는 숫자가 있는 남자를 잡으라고 말한다. 얼마 후 파니 핑크의 눈앞에 운명처럼 나타난 그 남자, 푸른 눈에 고급 양복을 입고 차 번호판에 23이라는 숫자가 있는 남자는 새로 온 아파트 관리인 슈티커다. 하지만 그는 그저 혼자 있는 게 두려워 이 여자 저 여자와 하룻밤을 보내는 바람둥이일 뿐이다.

파니 핑크처럼 외로움에 몸부림을 치다 못해 관절이 꺾일 지경이던 20대의 나는 상대의 행동이나 말투, 편지에 쓰인 글귀 하나하나를 경찰청 프로파일러처럼 분석하곤 했다. 그가 말한 르 클레지오의 소설 속에 나온 어떤 여자에 관한 이야기는 나에 대한 감정을 암시하는 것처럼 들렸다(그래서 그 소설을 읽어 보았으나 안타깝게도 내용을 전혀 이해할 수가 없었다). 천경자가 그린 타히티 여인의 그림이 마음에 든다고 했을 때는 그 여자가 나를 닮았는지 아닌지 며칠을 뜯어보기도 했다. 어느 때는 그가 무척이나 독창적인 사고방식을 가진 남자인 것처럼 느껴졌다가, 또 어느 때는 자기 생각이라고는 하나도 없이 어디서 주워들은 번드르르한 말이나 글로 사람을 홀리는 놈으로 느껴지기도 했다.

그가 약속 시간에 5분 일찍 나온 이유는? 나를 너무 보고 싶었기 때문에. 그의 발과 내 발이 테이블 밑에서 맞닿았는데도 그가 발을 떼지 않은 이유는? 나에 대한 육체적 갈망을 그것으로라도 채우려고. 먹는 게 귀찮아서 식사 대용 캡슐 같은 게 발명됐으면 좋겠다고 한 것은? 그와 내가 인연이 아니라는 증거(확실해!). 데이트 도중 아픈 여동생 때문에 집에 빨리 가야 한다고 한 것은? 나보다 여동생이 더 중요하다는 증거.

그때의 나는 이름 획수 궁합을 들이대도 그 결과에 휘청거렸을 것이다. 그는 나의 진정한 짝일까, 아닐까? 이 문제가 내게는 너무나 중요했다. 왜냐하면 나는 그 끔찍한 외로움을 다시는 겪고 싶지 않았기 때문이다.

나도 누군가에게 "내 인생엔 네가 필요해."라는 말을 듣고 싶었다. 나도 누군가에게 필요한 존재, 누군가가 간절히 기다려온 그 사람이 되고 싶었다. 내가 이 지구상의 유일한 사람은 아니지만, 누군가에게만큼은 유일한 사람이 되고 싶었다. 그 어떤 것으로도 대체할 수 없는 존재가 되고 싶었다. 그것에 무슨 죄가 있겠는가.

"난 죽을 거예요. 나도 알아요. 누구나 죽죠. 하지만 난 오늘 죽을 거예요. 진짜 웃기죠? 근데 이거 알아요? 저 아직도 무서워요. 진짜 무서워요. 아무도 날 위해 슬퍼해 주지 않을 거예요. 아무도 날 위해 기도해 주지 않을 거예요."

알폰소 쿠아론의 영화 〈그래비티〉의 주인공 라이언 스톤은 우주탐사선의 임무전문가다. 우주의 가장 좋은 점이 고요함이라 말하던 라이언은 우주선 밖으로 나가 망원경을 수리하다가 위성 폭파로 날아온 잔해 때문에 우주 미아가 될 위기에 처한다. 그제야 그는 지금껏 이런 종류의 외로움에 대해서는 상상조차 해보지 않았다는 것을 깨닫는다. 아무도, 아무것도 없는 광활하고 고요한 공간에서 홀로 죽어간다는 일에 대해서 말이다.

라이언에게는 아무도 없다. 저 아래 지구에서는 누구도 그가 돌아오기를 기다리지 않는다. 네 살짜리 딸이 어이없는 사고로 죽은 후 그는 그저 잠을 자고 일어나고 출근을 하고 운전을 하는 하루하루를 반복하며 살아왔다. 라이언은 철저히 혼자다.

그런 이유로 〈그래비티〉는 한 여자의 우주 탈출기일 뿐 아니라, 마음에 큰 상처를 입은 외로운 인간이 '그럼에도' 살아가기 위해 몸부림을 치는 이야기가 된다. 겁에 질리기도 하고 누군가의 도움을 받기도 하고 그를 잃기도 하고 뜻대로 되지 않아 분노하기도 하고 다 포기하기도 하지만, '그럼에도' 끝내 마음을 고쳐먹고 힘을 내어 살아가려는 이야기. 굳이 배경이 우주 공간이 아니고 주인공이 우주인이 아니어도 상관없는 이야기.

"왜 사는 거야? 아니, 산다는 게 뭐야? 자식을 먼저 잃은 것보다 더 큰 슬픔은 없어. 하지만 무엇보다 지금 하고 있는 게 더 중요한 거야. 가기로 결정했으면 계속 가. 땅에 두 발로 딱 버티고서 살아가는 거야."

라이언의 목표는 단 하나, 사는 것이다. 살아야 한다. 이유 같은 것은 없이, 저 아래에서 자신을 기다리는 사람이 단 한 명도 없더라도, 살아서 지구로 돌아가야 한다. 지구에서의 평범한 인생으로 돌아가야 한다. 사람들이 아기를 낳고 개를 기르고 노래를 부르는 그런 곳으로 돌아가야 한다. 뭘 더 원하는 것도 없이 그저 돌아가야 한다. 중력이 있는 곳으로.

상처받은 파니 핑크와 오르페오는 어느새 둘도 없는 친구 사이가 된다. 파니에게 오르페오는 나와 꼭 맞는 사람, 나를 사랑해 주는 사람이 아니다. 나와 같은 외로움을 겪는 불완전한 존재, 그래서 나의 외로움을 이해하고, 또 내가 그의 외로움을 이해할 수 있는 존재다. 오르페오를 통해 파니는 사랑받기를 원하던 사람에서 사랑할 수 있는 사람이 된다.

어느 날 아침, 침대에서 숨을 거둔 오르페오는 생전에 말한 대로 아르크투스 혹성으로 사라진다. 파니 핑크는 슬퍼하지만 더는 예전처럼 외롭지 않다. 그는 잡동사니로 가득 찬 아파트를 청소하고, 고장 나 멈춘 엘리베이터 안에서 예전에 오르페오가 그런 것처럼 이상한 춤을 춰 엘리베이터를 다시 움직이게 하고, 이웃에 사는 괜찮은 남자에게 수줍음을 무릅쓰고 커피 한 잔을 청하려다 다른 이웃 모두를 초대하고 만다. 파티에 온 이웃집 남자는 "수줍음이 많아 사귀자는 말을 못 했다."고 파니 핑크에게 고백한다. 그리고 그가 입은 티셔츠의 등 뒤에는 '23'이라는 숫자가 새겨져 있다. 드디어 짝을 만난 파니 핑크는 창밖으로 관을 던져 버린다.

사람은 누구나 외롭다. 외로워서 학교에 다니고, 회사에 다니고, 친구를 만나고, 술을 마시고, 깽판을 치고, 싫다는 사람을 쫓아다니고, 결혼을 하고, 바람을 피우고, 노인정에 나가고, 옥매트를 사러 가는 것이다. 누가 혼자인 채로 죽고 싶겠는가. 영국 정부에는 외로움을 담당하는 장관직까지 생겼다는데, 사람들의 외로움을 이제 사회적 전염병 수준으로 관리해야 한다는데, 외로움을 떨칠 방법이라는 것이 과연 있을까. 있다고 해도 그게 얼마나 효과가 있을까.
여성학자 정희진은 이렇게 쓴 적이 있다.

"삶은 어두운 밤바다에 나 혼자 타고 가는 작은 배다.
하지만 이것은 나만의 운명이 아니며 다른 배들의 불빛을
느낄 수 있다면 삶은 견딜 만한 것일지도 모른다."
-《경향신문》2011. 12. 30. 칼럼
〈새해 우리는 더 외로울 것이다〉 중에서

우리가 힘을 내어 살아가야 하는 이유는 누가 나를 기다리기 때문이 아니다. 이유 같은 건 없다. 굳이 이유를 들어야 한다면, 그냥 중력 때문이라고 하자. 그저 땅에 두 발로 딱 버티고 살기 위해서란 얘기다. 사랑하는 사람이 있어서 살아갈 이유가 생기는 게 아니라, 살아 있으니까 살아가는 것이다. 그러니 마음을 단단히 먹어야 한다.

살 떨리게 외로운 날도 있지만, 또 그럭저럭 견딜 만한 날도 있다. 세상을 다 가진 것처럼 행복한 날도 있고, 다시 비참해지는 날도 있다. 그래도 아직 내게는 "네가 필요해."라고 말해주는 사람들이 있다는 것을 잊어서는 안 된다. 그런 말들을 정말로 소중하게 간직해야 한다.

인생은 혼자 항해하는 어두운 밤바다지만, 그 바다를 항해하는 다른 배들의 불빛을 느끼려면 우선 지구로 돌아가야 한다. 땅에 발을 붙이고 살아봐야 한다. 라이언의 동료 매트의 말처럼 "착륙은 곧 발사"다. 거기에 아무것도 없다 하더라도, 아무도 나를 기다리지 않는다 하더라도, 희망을 찾을 수 없다 하더라도, 돌아가야 한다. 언제나 돌아가는 것이 시작이다.

〈파니 핑크〉(1994) | 도리스 되리
〈그래비티〉(2013) | 알폰소 쿠아론

정원사의 시간

나도 한때는 아름다운 꽃 덤불 사이에 둘러싸인 타샤 튜더 할머니의 사진을 보면서 이렇게 늙고 싶다는 꿈을 품던 여자들 중 하나였다. 그러나 사실 나는 꽃 한 송이 제대로 키워본적 없고 화분이란 화분은 다 말려 죽인다. 조금만 힘든 일을 하고 나면 녹다운이 되는 저질 체력에, 만성적인 허리 통증때문에 무거운 것을 나르거나 허리를 잘 굽히지도 못한다. 심지어 우리 집에는 손바닥만 한 마당이 있는데 거의 쓰레기 하치장이나 창고에 가깝다. 매일 집을 나오고 들어갈 때마다 마당을 쳐다보며 한숨을 내쉬지만 실은 비질도 잘 하지 않는다. 내게 이제 정원에 대한 환상은 없다. 정원은 아니지만 근처 주말농장에서 수년째 텃밭 가꾸기를 하고 있는데, 거의 자연과의 사투 수준이다. 오랜 사투 끝에 나는 슬픈 결론을 내릴 수밖에 없었다. 이 길은 내 길이 아니다. 내게 농부나 정원사의 재능 같은 건 없다. 그런데 정원사의 재능이란 과연 뭘까.

영화 〈세상의 모든 계절〉은 정원을 가꾸는 한 노부부의 사계절을 그린 이야기다. 남편인 톰은 지질학자, 아내인 제리는 심리상담사다. 그렇다. 이들은 톰과 제리다. 하지만 만화 주인공들과는 다르게 이들의 금슬은 원앙도 울고 갈 정도다.

톰과 제리는 퇴근 후 매일 저녁 함께 식사를 준비한다. 식사를 하면서는 그날 있었던 일들을 이야기하며 다정하게 의견을 주고받는다. 주말에는 함께 텃밭으로 가서 정원을 가꾼 뒤 보온병에 담아 온 따뜻한 차를 나눠 마신다. 때로 장성한 아들과 친구들을 집으로 초대해 즐거운 시간을 보내기도 한다. 스스로 운이 좋다고 평하는 이 부부의 노년은, 보고 있노라면 마음이 평온해지는 풍경화 같다.

그러나 모든 사람들이 그들처럼 운이 좋은 것은 아니다. 톰과 제리의 삶을 동경하고 부러워하는 친구 메리의 인생은 외롭고 불안정하다. 그 부러움은 메리로서는 마음이 아플 정도로 큰 것이다. 그는 이혼한 뒤 유부남과 사랑에 빠졌다가 결국 헤어졌다. 그에게는 집도, 사랑하는 사람도 없다. 메리는 쉴 새 없이 자기 이야기를 떠벌리고, 차를 살 거라는 계획을 말하고, 차만 사면 새로운 인생이 펼쳐질 거라 확신한다. 그러고는 술에 취해 울음을 터뜨리며 한탄하는 것이다. 왜 난 늘 잘못된 선택만 할까.

왜냐하면 메리, 조급하기 때문이에요. 메리는 지금 할 수 있는 것들을 하는 대신에, 자신이 가지지 못한 것들과 영영 가질 수 없는 것들을 열망한다. 그리고 그 열망이 가급적 빨리 이뤄지기를 바란다. 이런 사람들은 대개 시간의 속도보다 빨리 움직이기에 늘 엇박자를 탈 수밖에 없는 것이다. 아아,

마치 내 인생 같아.

논픽션 작가인 마이클 폴란은 식생활과 자연에 대한 책들을 여러 권 썼다. 미국원예협회가 꼽은 역사상 가장 뛰어난 정원 관련서 중 하나라는 《세컨 네이처》를 통해 그는 직접 정원을 가꾸는 정원사의 관점에서 미국인이 오랫동안 지켜온 정원 가꾸기의 관습과 헨리 데이비드 소로 스타일의 낭만적인 자연주의의 허상에 대해 고찰한다.

나는 이런 식의 글쓰기를 좋아한다. 몸을 써서 일을 하는 동시에 그 일에 대해 생각하는 것. 좋은 생각과 좋은 글이 나올 수 있는 포인트는 바로 여기에 있다. 이런 글에는 책상 앞에 앉아 있는 것만으로는 얻기 힘든 활기와 생명력이 가득하기 때문이다.

나는 대부분의 다른 정원사들도 이런 기분을 종종 경험하리라고 생각한다. 그것은 당신이 7월의 어느 날 오후, 정원에서 여러 가지 사소한 일들을 부지런히 하는 시간일 수도 있다. 당신은 원추리의 스러진 꽃대를 잘라주고, 잡초를 뽑고, 열매를 맺기 시작하는 토마토를 솎아내고, 두 번째 꽃을 보기 위해서 긴 줄기의 네페타를 다듬어주기도 한다. 이마에 땀방울이 맺힐 만큼 열심히 일을 하지만 일한 티는 별로 나지도 않고 내내 꾸물거리기만 한 느낌이다. 연장이 손에서 가볍게 느껴진다. 이제 다른 무슨 일을 해야 할지 당신의 손은 잘 알고 있다. 참제비고깔의 꽃을 잘 피우려면 곁

순들을 따주어야 하고, 으아리꽃에게는 넝쿨줄기를 올릴 지지대를 만들어주어야 한다. 일손이 바빠지면서 일상의 잡념 따위는 까마득하게 잊혀진다. 그것은 마벨이 〈정원〉이라는 시에서 표현한 마음과도 같은 것이었다. "초록빛 그늘의 초록빛 생각에 / 온갖 잡념을 모두 날려버린다."

- 마이클 폴란, 《세컨 네이처》 중에서

폴란의 정원 가꾸기는 난관의 연속이다. 그는 실패하고 해결책을 찾고 노선을 수정하기를 반복한다. 처음에는 자신에게 정원사로서의 재능은 없는 것처럼 느껴지지만, 한 해 한 해 정원을 가꿔 나가면서 '제2의 천성'이 생긴다. '제2의 천성', 즉 '세컨 네이처'는 자전거 타기처럼 한 번 익히면 그대로 몸에 새겨지는 정원 가꾸기의 기술이다.

내가 알고 있는 뛰어난 정원사들은 모두 실패에 대해 느긋하다. 실패를 즐거워하는 건 아니지만, 노여워하거나 불평하지 않는다. 몇 년 동안 꽃을 잘 피우던 작약이 갑자기 꽃을 피우지 않으면, 호기심을 발동시켜 문제기 무엇인지 새로운 시각에서 풀어보려고 노력한다. 적어도 정원에서만큼은 성공보다는 실패가 더 주목받는다는 것을 정원사들은 이해한다.

- 마이클 폴란, 《세컨 네이처》 중에서

무언가에 전력을 다해본 사람은 그 나름의 철학이라는 것을 갖게 된다. 전에 인스타그램에서 한 여자의 다이어트 일기를 읽은 적이 있다. 이미 20킬로그램 가까이 살을 뺀 여자는 이렇게 썼다. "어떻게 뺀 살인데, 주말 동안 미친 듯이 먹고 나니 다시 몇 킬로그램이 늘었어요. 하지만 괜찮아요. 다시 빼면 되니까요. 한 번 실패했다고 끝난 게 아니에요."

나도 다이어트라면 아주 관심이 많지만 다이어트에 목숨 거는 사람들에게는 뜨악한 마음이 들곤 하는데, 이 여자의 실패에 대한 관점은 좋았다. 한 번 실패했다고 망한 게 아니다. 모 아니면 도가 아니다. 다시 시작하면 되는 거다.

전력을 다해 실패와 성공을 거듭하다 보면 자신만의 철학이 생기고, 철학이 생기면 실패에도 쉽게 겁먹거나 무너지지 않는다. 느긋해진다. 시간의 흐름을 바라볼 수 있게 된다. 현재의 자신을 자기 안에 숨은 자아라는 작은 덩어리가 아니라, 마치 저 위에서 드론 카메라로 내려다보는 것처럼 큰 흐름 속의 일부로 볼 수 있게 된다.

정원사들 역시 이런 것을 할 줄 안다. 올해 건강한 당근과 온전한 모양의 토마토와 아름다운 장미를 기르는 데 실패했다고 해서 내년에도 실패하리라는 법은 없다. 한 번 더 해보자. 올해의 실패를 밑거름 삼아서 내년에는 좀 더 잘해보자. 왜냐하면 사계절은 이 인생에서 딱 한 번뿐인 것이 아니기 때문이다. 다음 해에는 또 다른 사계절이 패자부활전처럼 찾아올 것이기 때문이다. 실패한다고 해서 끝난 게 아니다. 매년 우리는 다시 시작할 수 있다.

정원사는 그만의 특별한 환상 속에서도 자기 자신을 잃지 않는다. 자신의 몸은 더욱 소중히 여긴다. 지난 7월의 어느 날 오후처럼 당신은 여전히 몸을 움직여 자연이 말하는 이야기를 듣고, 그와 여러 가지 대화를 나누고, 그를 자극시키기도 하면서 여름의 정원을 가꾸고 있다. 이 시간은 그리 오래 지속되지 않겠지만, 자연을 통해서 찾아내는 초록 엄지의 길은 때때로 이처럼 명쾌한 특징을 나타낸다. 이것이 우리가 쉽게 따를 수 있는 '제2의 천성'이다. 그것은 아주 단순 명쾌하다. 꾸준한 몸놀림. 그것이 바로 정원에서의 우아한 기품이다.

- 마이클 폴란,《세컨 네이처》중에서

〈세상의 모든 계절〉의 제리는 요리도, 정원 가꾸기도 하지 않는 메리에게, 언제나 관심과 애정을 갈구하는 메리에게 다정히 조언한다.

"정원을 가꿔봐."

메리 같은 사람들에게는 시간의 속도에 순응하는 일이 필요하다. 내 뜻대로 되지 않는 일들을 할 필요가 있다. 내가 아닌 다른 것으로 관심의 초점을 돌릴 필요도 있다. 겉으로 드러나는 인생의 승패와는 관계없는, 작은 실패와 성공을 매일매일 경험할 필요가 있다. 꾸준히 몸을 움직일 필요가 있다. 정원 일은 그것에 가장 적합한 일 중 하나다. 정원사에게 필요한 재능이란 바로 이런 것들이기 때문이다. 이야기를 들어 줄 줄 아는 것, 기다릴 줄 아는 것, 그리고 지치지 않는 것. 그런데 이러한 재능들은 타인과 관계를 맺는 재능, 이 인생을 살아가는 재능과 같다.

아직은 배워야 할 것도 많고 가다보면 뒷걸음질처야 할 때도 없지 않을 것이다. 분명한 건 정원 가꾸기가 한 번의 시도로 모든 일을 다 마칠 수 있는 성질의 것이 아니라는 사실이다.

- 마이클 폴란,《세컨 네이처》중에서

정원도 아닌 나의 텃밭은 애물단지가 되었다. 작년에는 토마토를 열 개도 제대로 수확하지 못했는데, 올해는 병충해를 입을까 겁이 나서 익기도 전에 다 따버렸더니 맛없는 새파란 토마토만 잔뜩 얻었다. 가뭄으로 고구마 줄기는 3분의 2가 다 말라 죽었고, 비싼 허브 씨앗들도 바질만 빼놓고는 모두 전멸. 우리는 정말이지 최악의 정원사에 최악의 농부인지도 모른다. 그렇지만 남편과 나는 텃밭에 갈 때마다 여전히 이런 이야기를 나눈다. "내년에는 토마토의 가지를 더 많이 잘라줘야겠어." "큰 토마토보다 방울토마토를 심는 게 낫겠다." "바질은 싹이 늦게 트는 것 같아." "또 가뭄이 오면 매일 와서 물을 줘야겠네." "다음엔 양상추를 더 많이 심자. 정말 잘 자라잖아."

〈세상의 모든 계절〉을 다 보고 난 후에, 문득 결혼한 친구가 자신과의 여행 약속을 너무 쉽게 깨버렸다며("넌 내가 정말 갈 수 있을 줄 알았니?") 분개하던 미혼의 친구가 떠오른다. 결혼한 친구는 그만한 일에 분개하는 미혼의 친구를 이해하지 못했지만, 처지가 다른 것이다. 이 세상을 혼자 몸으로 헤쳐 나가야 하는 사람에게는 그렇게 사소한 일조차 상처가 될지도 모른다.

그러자 '만약 내가 결혼을 하지 않았더라면, 나를 지지해 주는 가족들을 만들지 않았더라면, 나는 어떤 사람이 되었을까?' 하는 생각을 하게 된다. 영화를 보는 내내 제리의 처지이던 나는 영화가 끝난 후에야 메리의 편에 서본다. 어쩌면 나는 그간 나의 메리들을 제리의 눈으로 바라본 것이 아닌가? 나의 메리들에게 제리의 입으로 말한 것이 아닌가? 나의 메리들을 제리의 팔로 포옹해 준 것이 아닌가? 그것은 어쩌면 억세게 운 좋은 자의 오만과 위선이 아닌가?

지금도 톰과 제리의 집은 아늑함과 평온함, 사랑과 행복이 넘치는 장소일 것이다. 그리고 메리는 초대받지 못한 손님인 채 그 집 앞을 서성일 것이다. 운 좋게 안으로 들어가도 메리는 계속해서 겉도는 느낌을 받을 것이다. 이 인생의 실패자, 고아가 된 것 같은 느낌에 어찌할 바를 모를 수도 있다. 그리고 나는 톰과 제리일 수도 있지만, 메리일 수도 있다.

〈**세상의 모든 계절**〉(2010) | 마이크 리
《**세컨 네이처**》| 마이클 폴란 | 황소자리

따뜻하고 귀여운, 우동 한 그릇

지난 겨울 새로 나올 책의 추천사를 써달라는 청탁을 받았다. 이번이 두 번째다.

청탁을 받을 때마다 묘한 기분이 들었다. 매일 부부싸움 하는 주제에 주례사를 청탁받은 기분이었다. 언제 이혼할지도 모르는데 남의 결혼을 축복해야 하는 기분, 내 결혼 생활도 제대로 된 것인지 아닌지 아리송한 마당에 남의 결혼 생활을 훈계해야 하는 기분이었다. 아니, 걱정하지 마세요. 이혼하지 않을거니까. 당분간은.

아무튼 이번에 추천사를 쓴 책은《저는 이 정도가 좋아요》라는, 프리랜서 작가의 생활에 대한 에세이집이다. 프리랜서 작가의 생활에는 여러 가지 좋은 점들도 있지만, 그와 거의 비슷한 양으로 여러 가지 괴로운 점들도 있다. 일이라는 것이 언제나 그렇듯이 말이다. 게다가 작가 송은정이 썼듯이, 우리처럼 '이렇다 할 베스트셀러가 없는 잔잔한 경력'의 작가들이 이 바닥에서 살아남기란, 아니, 적어도 잊히지 않는 이름이 되기란 만만치 않은 일이기도 하다.

송은정은 그런 프리랜서 작가 생활의 궁상맞음과 치졸함, 치
열함을 솔직하게 고백한다. 성공한 다른 작가들을 향한 부러
움과 질투, 자기 자신을 감시하고 감독하고 관리하고 경영하
는 매일매일의 괴로움, 일시적 동료 또는 갑과 을인 편집자라
는 사람과의 관계, 돈에 대한 고민, 아무리 해도 적응되지 않
는 원고료 협상, 앞날의 불안함, 재능의 한계, 새 책이 나올 때
마다 느끼는 초조함과 허탈함을 성실하게 적어나간다.

책을 읽다가 나는 안심한다. 아아, 나 말고도 많은 사람들
이 같은 고민을 하며 버티고 있구나. 적잖은 위로가 된다. 마
치 동료가 생긴 기분이다. 이 일을 시작한 후부터 늘 그리워하
던 동료가. 좋은 일을 축하해 주고 나쁜 일을 위로해 주며 더
러운 일을 함께 분개해 줄 동료가.

이따금 나는 단 한 번도 만나본 적 없는 프리랜서 트친들
이 꼭 '3년 차 선배'처럼 느껴진다. 한 걸음 앞에서 길을 터주
는 동시에 후배의 자잘한 실수를 챙겨줄 정도의 여유가 생
긴, 이제 뭔가 좀 알 것 같은 딱 3년 차 선배. (중략) 물리
적 시공간을 공유하지 않으면서도 우리는 서로를 감히 동료
라 부를 수 있을까. "같이 일을 한다는 건 다른 사람은 느끼
지 못하는 사소한 움직임, 이를테면 모종의 '발전'을 발견하
는 사이가 된다는 뜻과도 같다"면 아마도 그럴 것이다.

- 송은정, 《저는 이 정도가 좋아요》 중에서

이 책에서 내가 가장 좋아하는 부분은 귀여운 우동 이야기

다. 작가가 본 TV 여행 프로그램 속, 작고 허름한 우동 가게 주인 할머니는 "발로 반죽을 밟으면 정성이 들어가나요?"라고 묻는 제작진에게 이렇게 답해주었다. "귀여우니까요. 귀여워요. 품을 들이는 만큼 우동이 귀여워지잖아요. 내 입장에서는 자식 같은 것이니까요."

귀여운 우동이라니. 최고로 맛있는 우동이 아니라 그저 귀여워서라니. 매일 반복되는 허무한 일과, 노력해도 별다른 진전이 없는 것 같은 작가 생활에 지쳐 있던 작가는 귀여운 우동을 만드는 할머니 덕분에 이런 생각을 한다.

우선은 써야 한다. 토고가 초고가 될 때까지, 완성된 글이 이름 모를 독자의 마음에 가닿을 수 있도록. 어제와 다름없이 반죽을 치대는 미야가와 할머니처럼 일본 최고의 우동 대신 어디서도 맛볼 수 없는 귀여운 우동을 대접하겠다는 마음을 잊지 말아야 한다. 유명해지고 싶은 욕망이 아니라 지우고 다시 쓰는 끈기만이 초고를 완성시킬 테니까. 올해의 베스트셀러가 글쓰기의 목표가 될 순 없을 테니까.

- 송은정,《저는 이 정도가 좋아요》중에서

우리에게는 물리적인 동료가 없다. 우리의 경력은 오로지 우리 자신의 손에 달려 있다. 우리에게는 일하고 싶을 때 일하고 놀고 싶을 때 놀 자유가 있다. 하지만 놀고 싶을 때 놀기만 하면 우리는 망하거나 굶어 죽을 것이다. 그래서 우리는 일과 사생활에 구분이 없는 삶을 산다.

잘하고 싶어서, 누가 내 엉덩이를 걷어차서가 아니라, 나 스스로 잘해보고 싶어서 매일 분투하다 보면 어깨에 힘이 들어간다. 조금만 방심하면 그렇게 된다. 내가 그러고 있다는 걸 깨달을 때, 어깨가 돌처럼 딱딱해졌다고 느꼈을 때, 나는 의자에 등을 기대고 앉아 숨을 깊게 내쉰다. 그럴 때 어깨에서는 힘이 빠진다. 나는 생각한다. 그래, 나는 최고의 우동이 아니라 어디서도 맛볼 수 없는 귀여운 우동을 만들려는 거야.

영화 〈윤희에게〉의 포스터를 처음 봤을 때 아름다운 이국의 설원을 배경으로 한 관광 엽서 같은 영화가 아닐까, 생각했다. 막상 영화를 보고 나서 나는 한동안 이 영화의 여운에서 빠져나오지 못했다. 그 기분은 뭐랄까, 영화 속에서 소복소복 내리던 눈이 영화가 끝난 후에도 계속해서 내리고 있는 그런 기분이었다. 마음속에 내려앉은 차갑고 따뜻한 눈. 좀처럼 녹지 않는 눈. 내리고 내려도 또 내리는 눈.
영화의 주인공 윤희는 지방 소도시에서 딸과 함께 살아가는 중년의 이혼녀. 윤희는 매일 새벽 봉고차를 타고 나가 시 외곽의 공장 식당에서 일을 한다. 그리고 집으로 돌아오는 길에는 골목 어둑한 곳에 서서 담배 한 대를 태운다. 그런 윤희는 어디에도 섞이지 못하는 것처럼 보인다. 일터에서도, 집에서도, 윤희의 마음은 다른 곳에 가 있는 것 같다. 윤희는 어딘가에서 자신을 잃어버리고 그것을 어떻게 찾아야 할지도 모르는 사람 같다. 그래서 어느 밤 엄마의 등 뒤에 누운 딸 새봄은 엄마에게는 내가 필요 없는 것 같다고 말한다.

어느 날 윤희에게 편지 한 통이 도착한다. 일본에서 온 그 편지는 윤희의 옛 친구 준이 보낸 것이다. 일본인 아버지와 한국인 어머니 사이에서 태어난 준은 부모가 이혼한 후 아버지를 따라 일본으로 갔다. 눈이 지겨울 정도로 내리는 홋카이도에서 수의사가 된 준은 고모와 함께 산다. 아버지가 돌아가시고 준이 윤희에게 쓴 부치지 못한 편지를 고모가 발견해 우체통에 넣으면서, 그리고 그 편지를 몰래 읽은 새봄이 엄마에게 홋카이도로 여행을 가자고 조르면서, 이야기는 다른 국면으로 접어든다.

정말로 고통스러운 상처는 차마 돌이킬 수조차 없는 상처다. 입으로 내뱉을 수조차 없는 이름과, 머릿속으로 떠올릴 수조차 없는 기억이다. 딸의 귀여운 작전에 휘말린 윤희는 20년 만에 준을 만나게 된다. 내뱉지 못했던 이름과 떠올리지 못했던 기억, 돌이킬 수 없었던 상처를 드디어 마주하는 것이다.
이 장면에서 두 여배우의 연기는 얼마나 아름다운지, 그들의 얼굴을 오랫동안 비춰주는 카메라는 얼마나 사려 깊은지, 둘을 둘러싼 세상은 얼마나 포근해 보이는지, 그리고 이 순간에 흐르는 음악은 얼마나 적절한지. 아마 나는 이 장면을 오랫동안 잊지 못할 것 같다.
영화는 윤희와 준, 나이 든 두 여자가 잃어버린 것들, 놓친 것들, 그리워하던 것들, 포기했던 것들, 후회하는 것들로 가득하다. 그럼에도 이 영화에 깃든 밝고 따뜻한 에너지는 군데군데 심어둔 작은 판타지들 덕분일 것이다. 똘똘하고 어른스러운 새봄, 그의 귀여운 남자친구 경수, 이혼한 후에도 윤희를 걱정하는 전남편, 동네에서 작은 찻집을 꾸려나가며 SF 소설 읽기가 취미인 준의 고모 같은 사람들. 악의라고는 없는 사람들. 집 앞에 소복소복 쌓인 눈을 매일 열심히 치우는 선량한 사람들의 공동체. 그들의 선량함은 타인의 삶에 기댈 구석이 되어주고 싶은 마음과, 그럼에도 선을 넘지 않고 적절한 거리를 유지하면서 그저 지켜봐 주는 예의 같은 것들로 이루어져 있다.

여행에서 돌아온 윤희는 고향에서의 삶을 정리하고 딸과 함께 새로운 인생으로 발을 내딛는다. 딸의 카메라 앞에서 불안하지만 애써 미소 짓는 윤희의 표정은, 윤희가 준에게 보내는 답장의 마지막에 쓴 구절과 겹친다.

"나도 용기를 내고 싶어. 용기를 낼 수 있을 거야."

세상에는 수많은 작가들이 있고, 수많은 책들이 있다. 이렇게나 많을 필요가 있을까, 싶을 정도로 많다. 가끔은 그들이 내 경쟁자처럼 느껴질 때도 있다. 전형적인 어깨에 힘주고 하는 생각이다. 하지만 《저는 이 정도가 좋아요》는 그들이 모두 내 동료라고, 그들이 있기 때문에 나도 있는 거라고, 그들 덕분에 나도 힘내어 살아갈 수 있는 거라고 말해준다.

가끔 그런 생각을 한다. 세상에 이렇게 많은 작가들과 이렇게 많은 책들이 필요한 이유는, 아직 자신만의 언어를 발견하지 못한 수많은 사람들에게, 자신의 기쁨과 고통과 보람과 상처와 열정과 회한 같은 것을 어떤 식으로 다루어야 할지 모르는 사람들에게, 삶의 의미를 정확하게 표현하지 못하는 사람들에게 언어를 선물하기 위해서일지도 모른다고.

나는 나와 비슷한 사람들에게 나의 언어로 된 나의 이야기를 선물한다. 저는 그런 것들을 이런 식으로 바라보고 또 처리하고 있어요, 라고 말해준다. 내 방식이 최선은 아니지만 이런 방법도 있다니까요, 하고 말해준다. 여기 와서 이 귀여운 우동 한 그릇 맛보세요, 하고 손짓해 부르는 것이다. 뭐 크게 대단한 맛은 아니지만, 먹고 나면 배 속이 아주 따뜻해질 거예요. 그리고 우리에게는 이런 우동을 맛볼 수 있는 순간이 자주 필요하답니다.

그래서 글을 쓸 때 나는 가장 사려 깊은 사람이 된다. 타인에게 기댈 구석이 되어주는 사람이, 그럼에도 적절한 거리를 지켜줄 줄 아는 예의 있는 사람이 된다. 선량한 마음이 된다. 나를 그런 사람으로 만들어주는 이 일이, 나는 너무나도 좋다.

세상에는 각자의 '이 정도'가 존재한다고 믿는 사람에게서 풍기던 태연한 말투와 태도를 떠올리면 왠지 안심이 된다. 아마도 내가 발견하리라 예상하지 못했던 무엇, 하지만 간절히 찾길 바랐을지도 모를 그 무엇을 저들에게서 목격했기 때문일 것이다. 확신이 행동을 이끌어내는 게 아니라 행동이 확신을 불러오며, 끝내는 그 확신이 설득력을 가지리라는 믿음. 설령 그 설득이 실패할지언정 옳고 그름을 판단할 순 없다는 사실을 이상한 상점의 주인들에게서 보았던 게 아닐까. 우리가 무언가를 하지 않기로 결정했을 때 그것이 포기나 체념이 아닌 또 다른 가능성을 향한 선택일 뿐이라는 것도. 그러니 성장은 반드시 무언가를 더 해내야만 이루어지는 게 아닐 것이다. '하기'와 '하지 않기' 사이에서 중심을 잡고 스스로 서 있을 때, 외부의 시선에 휘둘리지 않고 내가 원하는 방식으로 질서를 세울 때, 그렇게 인생을 의도할 수 있을 때 내 안의 '근자감'도 함께 자라나리라 믿는다. 그러고는 의연히 말하는 것이다. 저는 이 정도가 좋아요.

- 송은정, 《저는 이 정도가 좋아요》 중에서

〈윤희에게〉(2019) | 임대형
《저는 이 정도가 좋아요》 | 송은정 | 시공사

2

패배의 기쁨

청춘의 빛

일본의 저널리스트 다치바나 다카시를 알게 된 것은 예전 직장의 상사 덕분이었다. 그는 내가 기자로 있던 잡지의 편집장이었는데, 철딱서니 없던 20대 중반의 나에게는 엄청 늙고 고리타분한 아저씨처럼 보였다(그런데 지금 생각해 보면 그때 그의 나이는 지금의 내 나이와 비슷했다. 세상에나). 어느날 그가 지금은 소설가가 된 내 앞자리 선배와 한 일본 작가의 이야기를 나누고 있었다. 그 이야기를 훔쳐 들은 나는 다치바나 다카시라는 작가의 이름을 외워두었다.

다치바나 다카시는 '지知의 거장'이라는 거창한 별칭까지 얻은 일본의 저널리스트로, 전 수상의 범법 행위, 공산당, 암, 우주, 임사체험, 뇌까지, 그야말로 한계 없이 다양한 주제를 연구하고 취재했다. 나의 직장 상사가 다치바나 다카시에게서 특별히 높이 사는 부분은 그의 철저한 조사 방식이었다. 그는 어떤 주제, 어떤 인물이건 취재 일정이 잡히면 해당되는 모든 책과 자료를 샅샅이 훑어 거의 전문가에 가깝게 무장한다고 했다. 그렇게 그가 사들인 엄청난 양의 책 무게를 아파트 바닥이 지탱하지 못하자 아예 건물 하나를 사들여 개인 도서관을 만들기까지 했다. 얼마 후 나는 도서관에 가서 다치바나 다카시의 책들을 빌려 하나씩 읽어나가기 시작했다.

《스무 살, 젊은이에게 고함》은 70대가 된 다치바나 다카시가 모교인 도쿄대에서 20대 초반의 학생들과 꾸린 '다치바나 다카시 세미나'라는 모임을 통해 기획하고 만든 책이다. 대학생들이 각 분야의 명사를 찾아가 '스무 살'이라는 주제로 인터뷰를 하고, 거기에 다치바나 다카시의 강의, 그리고 대학생들이 직접 쓴 글을 더해 총 세 개의 챕터로 엮었다. 인터뷰의 주인공들은 배우 릴리 프랭키부터 디자이너 하라 켄야, 소설가 히라노 게이치로, 사상가 우치다 타츠루와 카피라이터 이토이 시게사토까지, 바다 건너에서도 유명한 이들이다.

반대로 《청춘표류》는 다치바나 다카시가 직접 만난 무명의 직업인들 이야기다. 칠기 장인, 나이프 제작자, 원숭이 조련사, 정육 기술자, 사진작가, 자전거 프레임 빌더, 매사냥꾼, 소믈리에, 요리사, 염직가, 레코딩 엔지니어. 그들은 평범한 사람들의 세계에서는 이름조차 생소하지만 '그쪽' 세계에서는 꽤 인정받는 이들이다.

그러나 이 사람들의 인생은 완성형이 아니다. 그들 대부분은 여전히 자신의 선택에 확신을 갖지 못하며, 적은 수입으로 근근이 살아간다. 그럼에도 그들은 다치바나 다카시의 표현에 따르면 "스스로 대담한 선택을 하고 이제까지 살아온 사람들"이다. 그는 이들에게서 깨달은 자의 말이 아니라, 망설

임과 방황에 대해서 들으려 한다. 세상의 상식에서 한 발자국도 벗어나지 않고 무덤까지 일직선 코스를 향해 달리는 인생이 아니라, 망설이고 방황하는 인생에 대해서, 그러니까 청춘이라는 것에 대해서 들으려고 한다.

어떤 사람들은 인생론이란 카페나 술집 의자에 앉아 이야기하는 것이라고 한다. 내 인생과는 관계가 없는 이야기라고 생각하는 사람도 있다. 그렇지만 진정한 인생론은 말보다는 실천에서 그 진가를 발휘한다. 인생을 이야기할 때, 어떤 이론을 내세우지 않더라도 그대로 하나의 인생론이 되어버리는 그런 인생, 그런 인생을 목표로 하는 사람들을 만났다.

- 다치바나 다카시, 《청춘표류》 중에서

자기계발이나 성공처세술의 맹점은 어려운 것을 쉽게 전달하려 한다는 데 있다. 생각해 보라. 자신을 바꾼다는 것은 세상에서 가장 어려운 작업이다. 체중을 줄이기 위해 당장 한 끼만 굶으려 해도 살기가 싫어지고 세상과 운명을 원망하게 된다. 최선을 다한다는 것이 그렇게 쉬운 일이라면 세상 사람의 대부분이 최선을 다하며 살았겠지. 심지어 최선을 다해도 애초에 방향을 잘못 잡았다면 성공의 길은 요원해지는데, 방향을 제대로 잡는 것이야말로 진정 어려운 일이다. 여기에는 노력에 더해 직관과 경험과 통찰, 그리고 운이 필요하기 때문이다.

자기계발이나 성공처세를 비웃고는 있지만, 그럼에도 늘 지금보다 나은 내가 되고 싶다. 아니, 그보다는 이렇게는 안 되겠다는 절박함이랄까. 이 나이쯤 되면 죽을 때까지 모든 것이 세팅되어 있을 줄 알았는데, 불혹不惑의 나이에는 정말로 불안과 의심이 없어질 줄 알았는데, 지금껏 잘못 살아온 탓인지 아직도 어떻게 살아야 할지 잘 모를 것 같을 때가 있다. 그럴 때마다 나는 책장에서 다치바나 다카시의 《스무 살, 젊은이에게 고함》과 《청춘표류》를 빼내어 읽는다. 스무 살도 아니지만, 청춘도 아니지만 말이다.

후루카와 시로의 이름이 알려지기 시작하면서 나이프 제작자가 되겠다며 제자로 받아달라는 젊은이들이 찾아왔다. 그렇지만 그는 "나도 벌이가 시원찮은데, 다른 사람을 돌볼 수가 없네" 하며 모두 거절했다.

그런데도 포기하지 않고 끈질기게 부탁을 하면, 내게 했던 것처럼 칼을 갈아보라고 시켰다고 한다. 물론 평평한 면은 쉽사리 나오지 않았다.

"스스로 몇 년 노력해서 칼을 곧게 갈 수 있으면 그때 다시 찾아오라고 하죠. 그러면 모두 싫은 내색을 하더군요. 요새는 다 기계로 갈면 되는데 그렇게까지 할 필요가 있느냐고요. 그게 그렇지 않아요. 금속공예에서는 칼을 가는 이 모든 테크닉의 기초예요. 정말로 칼을 잘 갈 수 있으면 뭐든 다 할 수 있다고 보시면 돼요. 진정한 평면을 만들어낼 수 있으면 그만큼의 기술이 생기고 동시에 진정한 평면을 알아보는 눈도 가질 수 있거든요. 바로 그 점이 중요해요. 솜씨가 좋아지면 보는 눈도 좋아진다는 것. 솜씨가 미숙할 때는 더 이상의 평면이 없다고 생각하지만, 솜씨가 점점 좋아지면 더 완전한 평면이 있다는 사실을 알 수 있어요. 솜씨가 좋아질수록 스스로의 솜씨를 엄격하게 바라볼 수가 있고 미크론 단위로 사물이 보여요. 그 점이 중요해요."

— 다치바나 다카시, 《청춘표류》 중에서

《청춘표류》 속 청춘들은 당장 득이 될 것 같은 일보다는, 정말로 하고 싶은 일을 하기로 결정한 사람들이다. 동시에 무언가를 증명하거나 어딘가에 도달하기 위해 사는 사람들이 아니라, 그저 어쩌다 보니 그 일을 하게 되었는데 하다 보니 그 일을 좋아하게 되고, 좋아하다 보니 더 잘하게 되고 싶어진 사람들이다.

그들이 입을 모아 하는 말처럼 솜씨가 좋아지면 보는 눈도 좋아진다. 솜씨가 좋아질수록 자신의 실력을 엄격하게 바라볼 수 있다. 솜씨가 좋아진다는 건, 실력이 는다는 건, 더 나아진다는 건, 전에는 보지 못하던 것을 볼 수 있게 되는 일이다. 더 좋은 시력을 갖게 되는 일이다. 그러니 전보다 더 나아졌다고 해서 쉽게 만족할 수 없다. 오히려 자신의 부족함을 더 잘 인지하게 된다. 성장은 고통스러운 과정이다. 그리고 성공이 아닌 성장과 성숙, 그것이 이들의 목표다.

그런 그들의 인생이 마냥 편안하고 행복하게 보이지는 않는다. 아니, 오히려 돈도 못 벌면서 왜 저렇게 고생을 사서 하나 싶다. 그럼에도 그들은 그렇게밖에 살 수 없어서 그렇게 사는, 자기 자신에게 정직한 사람들이다. 그런 그들의 청춘은 《스무 살, 젊은이에게 고함》 속의 나이 든 이들이 스무 살에게 건네는 조언과도 맞아떨어진다.

자신이 하고 싶은 것은 따로 있는데 그보다 득이 될 만한 것을 해두려는 생각은 옳지 못해요. 하고 싶지 않은 것을 억지로 참고 했는데 그걸 죽을 때까지 사용하지 못한다면 정말 쓸모없잖아요. '하고 싶은 것'이라면 사용도 못하고 아무 도움도 되지 않아도 "재미있었어!" 정도는 말할 수 있지 않을까요?

- 우치다 타츠루, 《스무 살, 젊은이에게 고함》 중에서

이 두 권의 책들은 당장 어떻게 해야 성공하거나 성공적인 인생을 살 수 있을지를 알려주지는 않는다. 바로 그 이유로 나는 이 책들이 마음에 든다. 이 책들은 그저 후회 없이 살기 위해서는 무엇이 필요한지 내가 이미 알고 있는 것들을 다시금 되새기게 해주는데, 바로 그것이 지금 나에게 필요한 것이다. 무엇이 중요하고 무엇이 중요하지 않은지를 분별하는 것, 불필요한 것들에 현혹되지 않고 내가 바라고 꿈꾸던 길을 향해 차분히 걸어가는 것, 그럴 수 있는 용기를 내는 것, 그런 힘을 나는 이 책들을 읽으면서 되찾는 것이다.

요즘에는 돌아서 가지 않으려는 경향이 있죠. 모두들 "이렇

게 하지 않으면 안 될 거 같아"라며 두려워해요. 실패하거
나 기존의 시스템에서 벗어나는 것을 지나치게 두려워한 나
머지 너무 안전한 것만 지향하는 거죠. 하지만 그런 시대
는 머지않아 끝날 테니까 하고 싶은 걸 할 때는 시간을 잊
고 열중하도록 하세요. 돌아서 가는 길이 반드시 먼 길은 아
니에요. 물론 순조롭다고 해서 다 좋은 것도 아니죠. 모
든 것이 순조롭기만을 바라지 말고, 실패나 고독도 맛보도
록 하세요.

　　　- 무라카타 치유키, 《스무 살, 젊은이에게 고함》 중에서

아아, 나는 왜 이렇게 꼰대 같은 이야기가 좋은 걸까. 이런 구
닥다리 설교 같은 건 듣고 싶지 않지만 그럼에도 내게는 이
런 설교가 필요한 것은 왜일까.
왜냐하면 삶이 만만치 않다는 것을 나는 알기 때문이다. 내 앞
에 펼쳐진 것은 꽃길도 비단길도 아니라는 걸 알기 때문이
다. 만만치 않은 이 삶을 망가지거나 망하거나 미치지 않고 헤
쳐 나가기 위해서는 자기계발도, 성공처세술도 소용없다는 것
을 알기 때문이다. 결국 내게 주어진 삶을 긍정하는 것 말고
는 별다른 방법이 없기 때문이다. 그리고 어떤 사람이 되든 아
무것도 되지 못하든, 적어도 내가 원하는 삶을 살았다면 후회
는 하지 않을 것 같기 때문이다.

　실패의 가능성을 생각하지 않고 사는 사람은 그가 아무
리 대담한 삶을 살았다고 해도 무모하게 살았을 뿐이다. 실

패의 가능성을 침착하게 바라보면서 대담하게 살아가는 사람이야말로 청춘을 제대로 산 것이다.

- 다치바나 다카시, 《청춘표류》 중에서

꼬부랑 할머니가 되어도 마음속의 빛을 잃고 싶지 않아서, 영원히 청춘의 마음을 간직하고 싶어서, 나는 이런 이야기들로 내 마음의 이랑과 고랑을 가다듬는다.

《청춘표류》| 다치바나 다카시 | 예문
《스무 살 젊은이에게 고함》| 다치바나 다카시, 도쿄대 다치바나 다카시 세미나 | 말글빛냄

영화 만드는 여자들

《부디 계속해주세요》라는 한일 예술인들의 대화집을 읽었다. 인터뷰집이나 대담집을 읽는 것은 즐겁다. 다른 책은 읽기 힘든 정신 상태일 때도 이런 책들은 잘 읽힌다. 인터뷰집이나 대담집이란 말 그대로 대화를 기록한 책이기 때문이다. 대화는 상대와 주고받는 것이기에 쉽고 생생하고 구체적이며 배려가 넘친다. 이야기들이 탁구공처럼 오가는 동안 스파크가 튀기도 하고, 서로 마음이 같다는 것을 알게 된 순간의 기쁨도 느껴진다. 그리고 아시다시피 잘 알지 못하는 상대에게서 같은 마음을 확인한다는 것은, 아무 생각 없이 들어간 상점에서 마치 나를 위해 준비된 듯 완벽한 원피스를 만나는 것만큼이나 황홀한 일 아니겠는가. 그런 대화를 지켜보는 나도 흐뭇하다.

이 대화집에서는 배우 문소리와 영화감독 니시카와 미와의 이야기를 읽는 것이 가장 즐거웠다. 배우 문소리는 〈여배우는 오늘도〉라는 영화를 직접 연출하며 감독으로 데뷔했다. 그리고 문소리와 대화를 나눈 니시카와 미와는 〈유레루〉와 〈아주

긴 변명〉이라는 영화를 만든 감독인 동시에 작가로, 우선 소설을 써 책으로 낸 뒤 그것을 영화화하는 식으로 일한다.

영화를 만든다는 건 쉬운 일이 아니다. 영화는 오래되고 진지한 매체다. 돈이 많이 들고 사람도, 장비도, 시간도 많이 필요하다. 기술 없이 아무나 덥석 뛰어들기 어려운 일이기도 하다. 겨우겨우 영화 한 편을 완성해도 극장에 그 영화를 거는 것부터 흥행과 비평까지, 견뎌야 할 어려움은 끝이 없다. 그 어려움을 중년의 나이에 접어든 두 영화인은 고상한 치장 없이 솔직하고 씩씩하게 드러낸다.

배우는 배역에 빠져들 때와 나올 때가 있고, 압박도 있지만 숨도 쉴 수 있죠. 하지만 감독은, 머리에 뒤집어쓴 헬멧 끈이 점점 더 목을 조르는 것 같은 기분이 듭니다. 때가 되면 숨이 트일 거라고 생각했더니 영화제작이 끝나도, 작품을 공개할 때까지도 계속 책임에 짓눌려 숨을 쉴 수가 없는 거예요. 게다가 왜 이런 이야기를 만들어 세상에 내놓는지 정당성을 계속 고민해야 하니까 압박이 끊이질 않더라고요.

- 문소리, 《부디 계속해주세요》 중에서

이런 것을 쓰고 싶다! 이런 것을 만들고 싶다! 이런 것이 있다면 얼마나 좋을까! 골방에서의 즐거운 상상과 기획의 단계를 거친 후 실전에 뛰어들었을 때, 우리를 가장 괴롭히는 것은 이런 질문들이다. 왜 나까지 써야 하는가? 왜 나까지 만들어야 하는가? 왜 종이를 낭비해야 하는가? 이게 다 무슨 소용인가? 심지어는 더 대단한 것을 만들어야 한다는 자기검열의 잣대에 짓눌려 아무것도 하지 못할 때도 있다. 그러다 결국은 내 것이 아닌, 남의 것을 흉내 낸 데 불과한 결과를 향해 달리고 있다는 사실을 깨달을 때도 있다.

나는 내친김에 문소리가 만든 영화 〈여배우는 오늘도〉까지 보았다. 영화 속 문소리는 대한민국 사람이라면 누구나 아는 배우지만 언젠가부터 캐스팅이 잘 되지 않아 괴로워하고 있다. 영화사 대표에게 잘 보이려 애쓰고, 자신을 알아보는 술 취한 아저씨들의 무례한 언동도 참고 웃어넘겨야 한다. TV 속 시상식장에선 드레스를 입고 있지만, 현실에서는 생활비가 부족해 은행에서 마이너스 대출을 신청하며 몇 십 장씩 사인을 해줘야 한다. 친정엄마의 임플란트 비용을 할인받기 위해 치과 원장과 사진도 찍어줘야 하고(연예인 병원 홍보 사진의 실체!), 요양병원에 계시는 시어머니를 찾아가 5천만 원이 묶여 있는 통장의 비밀번호도 알아내야 한다. 배우, 엄마, 딸, 아내, 며느리, 가장으로서의 삶에 이리 치이고 저리 치이던 문소리는 끝내 폭발해 차에서 뛰어내려 괴성을 지르며 논두렁 위를 달린다.

영화를 보면서 나는 인간의 삶이란 다 똑같구나, 일하는 40대 여성의 삶이란 누구에게나 괴로운 것이로구나, 악쓰며 뛰기라도 해야 할 것 같은 저 마음이 내 마음이구나, 하는 생각을 했다. 그리고 또 이런 생각도 했다. 문소리라는 여자는 자신이 할 수 있는 이야기를 제대로 해낼 수 있는, 용기와 지성이 있는 사람이로구나.

다른 사람이 구상한 플랜에 따라 일을 하는 것도 사실은 무척 즐겁습니다. 영화 현장에서는 제가 "이렇게 가자" 하고 지시를 내리면 그 지시가 순식간에 절대적 정의로 간주되고 그것을 좌표축으로 하여 모든 것이 움직이지만 CF의 경우는 다릅니다. 클라이언트가 "그건 좀 곤란한데요" "이건 아니죠" "클레임 들어오겠어요"라고 말하면 다시 아이디어를 수정하여 그들의 '정의'와 타협하지 않으면 안 됩니다. 콘티나 편집을 수정하면서 '아, 촌스러워!' '이건 아닌데!' '이런 건 너무 흔해!' 이렇게 속으로 투덜거리면서 합니다. 하지만 나의 정의가 과연 제대로 된 정의일까 하는 자문자답에서 해방되는 순간이기도 합니다.

　　　　　　　　　- 니시카와 미와, 《부디 계속해주세요》 중에서

영화 속 문소리의 매일처럼 40대 여성인 나의 하루하루도 이리 뛰고 저리 뛰는 대환장 파티다. 내 일, 아이들 키우는 일, 살림을 꾸려 나가는 일, 인간관계를 유지해 나가는 일 등이 예고도 없이 동시다발적으로 쏟아져 내린다. 나는 가끔 작가 앨리스 먼로가 마흔 즈음에 아이들을 키우고 서점을 운영하고 글을 쓰느라 이러다 심장마비에 걸려 죽을 수도 있겠다 싶었다고 했던 말을 떠올린다. 이제야 알겠다. 사람들은 모두 그렇게 할 줄 알아서 그렇게 하는 것이 아니라, 선생님에게 지목당한 학생처럼 엉겁결에 앞으로 떠밀려 나와 울면서 이 모든 일을 해내는 것이다. 아아, 이런 것이 어른이 되는 과정인 걸까. 그래서 니시카와 미와의 저 고백은 내 마음에도 착 달라붙었다. "나의 정의가 과연 제대로 된 정의일까 하는 자문자답에서 해방되는 순간." 내게도 그런 순간이 필요하다. 일을 한다는 건, 살아간다는 건 무언가를 선택하고 결정을 내리고 책임을 지는 일의 연속이기에. 그리고 나는 이 모든 일에서 달아날 수 없는 처지이기에. 그래서 요즘 나는 식사 메뉴 고르는 일조차 남에게 떠넘기고 있다. 아무 생각 없는 무생물처럼 살아가고 싶은 마음뿐이다.

한때 지구 멸망이라도 앞둔 사람처럼 이리 뛰고 저리 뛰던 내게 엄마가 해준 말이 있다. "수희야, 천천히 생각하고 천천히 결정하고 천천히 행동해." 엄마 눈에는 내가 너무 조급해 보인 것 같다. 어쩌면 엄마도 그렇게 살아본 적이 있기 때문일 것이다. 엄마도 아이를 낳아 키우고 살림을 꾸리고 일을 하며 살아왔기에, 천천히 생각하고 결정하고 행동하지 못한 지난날을 후회한 적이 있을 것이다. 다 자란 딸은 언제나 엄마의 말을 곱씹는다. 살아가면서 이보다 더 의지할 수 있는 말을 찾기도 힘들 것이다.

데뷔하고 나서 나는 어떤 배우인가 생각을 해보니까 제가 스물여섯 살까지 굉장히 평범하게 살았어요. 영화배우를 하려는 생각도 없었고, 그냥 대학 생활 열심히 하고 연극을 좀 좋아하는 평범한 학생이었어요. 그런데 연기를 시작하

고 보니까 제가 평범하게 살았던 시간들이 저한테는 굉장
히 저의 개성이고 저의 힘이라는 생각이 들었어요.

                         - 문소리,《부디 계속해주세요》 중에서

평범하게 살던 시간마저 자신의 개성이고 힘이라 자부할
수 있을 정도로 씩씩한 배우이자 감독은 한 꺼풀 들추고 보
면 인간의 삶은 다 비슷하다는 것을, 비슷하게 지리멸렬하
고 괴롭다는 것을 자신의 영화를 통해 보여준다. 더불어 치
장하지 않는 솔직함, 자신의 삶을 객관적으로 바라볼 수 있는
드문 지성과 용기 덕분에 이 배우의 이야기는 우리 모두의 이
야기가 된다.
이 영화를 보고 나니 이상하게 힘이 났다. 무언가를 쓰고 만들
수 있을 것 같은 용기도 생겼다. 그래, 할 수 있는 것을 하자.
지금 내가 할 수 있는 것을 하자.

    고유하게 이야기를 만들어가거나 할 때는 역시 자신의 내면
을 제대로 펼쳐놓지 않으면 사람들의 마음속에서 뿌리 깊
이 울리는 작품은 만들 수 없지 않나 싶어요. 왜냐하면 소
설에서도 영화에서도, 만든 이가 제대로 자신의 부끄러움
을 찾았던 것에 '이건 내 이야기 같다' 하고 저 자신도 공감
해왔기 때문입니다.

              - 니시카와 미와,《부디 계속해주세요》 중에서

영화를 만들며 나이 든 여자들, 스스로 생계를 꾸려 나가는 여

자들, 남들에게 무언가를 파는 여자들, 자신만의 세계를 만들며 살아가는 여자들, 모든 나이 든 여자들. 이 여자들 역시 종종 용기를 잃을 것이고, 좌절할 것이고, 우왕좌왕할 것이다. 잘못된 선택을 내리기도 했을 것이고, 그 선택을 책임지고 수습하며 살아가고 있을 것이다.

우리에게는 그들이 들려주는 이야기들이 필요하다. 넘어질 때는 어떻게 넘어져야 하는지, 언제쯤 '더 이상은 안 되겠다'고 결단을 내려야 하는지, 어디서부터는 타협하면 안 되는지, 어디서부터는 타협해도 되는지, 그런 이야기들을 들려줄 여자들이 필요하다. 이렇게 하라, 저렇게 하라는 질책이나 명령이 아니라, '나는 이랬는데… 남들은 어떤지 잘 모르겠네.'의 이야기들이 쌓이고 쌓일 때, 우리의 손에도 자신만의 작은 나침반이 쥐어질 것이다.

우리처럼 대범하지 못한, 평범한 보통 여자들이 자신의 한계에 끊임없이 직면하면서도 끝내 만들어낸 것들, 그들이 이뤄낸 것들을 볼 때마다 용기가 솟는다. 작은 나침반을 손에 쥐고 작은 용기를 징검다리 삼아 한 발짝씩 걸어가고 있다.

《부디 계속해주세요》 | 문소리 외 9명 | 마음산책
《여배우는 오늘도》(2017) | 문소리

오랫동안 좋아해 왔어요

나는 무라카미 하루키의 팬이다. 무려 20여 년째. 하지만 무라카미 하루키를 좋아한다고 말하는 것은 언제나 멋쩍은 일이다. 지금은 어떤 세상인지 모르겠으나 내가 20대일 때만 해도 무라카미 하루키를 좋아한다고 말하면 다들 "으흠", "아하" 등의 알 수 없는 추임새를 넣으며 '너도 알 만하다'는 표정을 짓는 세상이었던 것이다. 그 시절 무라카미 하루키는 감각적이고 허세가 심하고 세상 돌아가는 일과는 상관없이 고독을 근사하게 치장하며 취향팔이나 하는 작가 정도로 통했다.

내가 처음 무라카미 하루키를 알게 된 것은 잡지에서 어느 여배우의 인터뷰를 본 후였다. 그 배우는 '나는 무라카미 하루키라는 작가를 좋아해서 그 사람의 책을 모두 소장하고 있다'고 말했다. 나는 무라카미 하루키가 누구인지도 몰랐고, 내 주변에는 그 작가의 책을 읽거나 이름을 들어본 사람조차 없었다. 그때까지만 해도 책이라곤 거의 읽지 않던 나는 어떤 작가를 좋아해서 그 사람의 책을 모두 소장하고 있다는 게 어떤 일인지 무척 궁금했다. 어떤 작가를 그렇게나 좋아할 수 있는지도 궁금했다.

스무 살의 여름방학에 나는 내 고향 진해의 작고 오래된 도서관으로 걸어갔다. 그곳의 낡은 서가에서 무라카미 하루키의 책들을 발견했다. 첫 책이 무엇이었는지는 기억나지 않는다. 첫 번째 책을 다 읽은 후 다른 책을 빌리러 갔다. 그리고 얼마 후 그 도서관에 있는 무라카미 하루키의 모든 책을 다 읽었다.

그때 '너도 알 만하다'는 표정을 짓던 사람들도 무라카미 하루키의 소설을 한 권쯤은 읽어보았을 것이다. 그 책은 아마도《노르웨이의 숲》이나 초기 단편집이었을 것이다. 그들은 그쯤에서 멈췄을지도 모르지만 나는 계속 나아갔다. 그 시절 내가 가장 좋아한 무라카미 하루키의 소설은《세계의 끝과 하드보일드 원더랜드》와《태엽 감는 새》였다.

사람들은 더 이상 무라카미 하루키의 소설을 읽지 않은 채 어른이 되거나 그의 소설이 점점 별로라고 말하기 시작했는데, 나는 반대로 점점 더 좋아졌다. 처음 읽을 때는 그저 그랬던 소설이 나중에 다시 읽으니 좋아진 적도 있고, 나이를 먹어가면서 좋아하는 소설이 달라지기도 했다. 때로는 좀 싱겁다는 생각이 들 때도 있었지만, 이건 좀 별로라는 생각이 들기도 했지만, 그래도 좋아하는 마음만큼은 변하지 않았다. 그건 어쩌면 오랜 세월에 걸쳐 (작가와 독자로서) 우리 사이에 쌓인 단단한 신뢰감 때문인지도 몰랐다.

　미리 오해가 없도록 말씀드리는데, 이 책은 무라카미 하루키를 '연구'한 성과가 아닙니다. 난 문학연구자로서 무라카미 하루키를 읽는 것이 아니라 일개 팬의 입장에서 읽고 있습니다. 그래서 객관적인 시각이나 학술적인 엄밀성 같은 것을 기대하면 곤란합니다. 팬이란 편애하는 작가가 쓴 것이면 어떤 것이든 읽고 싶은 법이고, 어떤 것을 읽어도 재미있다고 느낍니다.

- 우치다 타츠루, 《하루키 씨를 조심하세요》 중에서

무라카미 하루키를 좋아하는 만큼이나 나는 우치다 타츠루를 좋아한다. 우치다 타츠루는 정확하게 어떤 일을 한다고 말하기가 곤란한 사람인데, 대충 사상가 정도로 생각하면 될 것이다. 그는 프랑스 철학을 연구하는 학자이고 한때는 대학교수였다. 철학은 물론이고 정치, 사상, 문학, 교육 등 다양한 분야에 대한 글을 써서 책을 펴내고 있다. 그런데 이 사람의 가장 놀라운 점은 '개풍관'이라는 이름의, 스스로 설립한 무도관의 관장이라는 것이다. 그곳에서 그는 제자들과 합기도를 연마하고 철학을 공부하고 글을 쓴다. 처음에는 합기도와 철학이라니, 이게 무슨 조합인가 싶었지만 우치다 타츠루의 책들을 계속 읽어 나가면서 알게 되었다. 신체를 다루는 일과 정신을 다루는 일에는 경계가 없다는 것을.

그런 우치다 타츠루가 무라카미 하루키의 팬이라는 사실을 안 것은 《하루키 씨를 조심하세요》라는 책 때문이다. 우치다 타츠루에 따르면 일본에서 무라카미 하루키는 평론가들의 외면을 받기로 유명한 작가다. 아예 그에 대해서는 언급조차 하기 싫다는 평론가들도 있다고 한다. 그들은 무라카미 하루키를 '거품경제 시절의 소비사회를 떠도는 도시인의 멋진 삶'을 그린 작가로 폄하했다. 그럼에도 그 시절 비슷한 주제를 다루던 다른 작가들은 사라졌으나, 무라카미 하루키는 여전히 건재할 뿐 아니라 세계적으로 큰 인기를 얻고 있는 이유에 대해서는 제대로 설명하지 못한다. 우치다 타츠루는 《하루키 씨를 조심하세요》가 순전히 팬심으로 쓴 책이라 못 박으면서도, 단순한 팬이 아니라 한 명의 철학자, 비평가로서 무라카미 하루키의 소설이 가진 의미를 풀어 나간다.

우리의 세계에는 이유 없는 처절한 폭력이나 사악한 것이 분명히 존재합니다. 우리는 길모퉁이를 돌아서는 순간 그런 것과 무심하게 딱 마주칩니다. 그것이 가져올 피해를 최소화하기 위해서도 일상생활의 사소한 것을 소홀히 여겨서는 안 됩니다. 꼼꼼하게 다림질을 하고, 연필을 뾰족하게 깎고, 적당하게 간을 하여 스파게티 면을 삶는 등 사소한 일상에 정성을 다하는 태도는 결코 표층적인 것이 아니며 삶의 근본적인 것과 연결됩니다.

- 우치다 타츠루, 《하루키 씨를 조심하세요》 중에서

그렇지. 바로 이런 이유로 나는 무라카미 하루키의 소설을 읽을 때마다 안도감을 느낀 것 같다. 외부에서 어떤 일이 일어나건 그의 소설 속 주인공들은 냉장고에 남아 있는 재료로 아침을 지어 먹고, 집 안을 청소하고, 다림질을 한다. 그리고 좋아하는 음악을 듣거나 책을 읽으면서 무언가가 찾아오기를 조용히 기다린다.

우리가 이 일상을 정성 들여, 바르게 살아간다고 해서 이 세상이 달라지지는 않을 것이다. 하지만 세상은 개인의 노력만으로는 달라질 수 없는 곳이기에, 거꾸로 우리가 할 수 있는 것역시 이 일상을 정성 들여, 올바르게 살아가는 것부터라는 생각이 든다. 그것은 외부 세계에 눈을 감거나 귀를 막고 자신만의 성을 높이 쌓아올리는 것과는 다른 일이다. 그건 어쩌면 사막에 풀씨를 뿌리거나 나무를 심는 일이나 마찬가지일지도 모른다. 아무 소용도 없고 결실을 맺게 될지 아닐지 모를 일. 그런다고 세상이 털끝 하나 달라질 것 같으냐는 소리나 듣기 딱 좋은 일. 하지만 의미가 없을지도 모르는 세상에서도 의미를 찾기 위해 노력하는 자세, 나는 그런 것이 좋다. 언제나그런 사람들을 응원하고 싶고, 그런 사람들의 이야기를 읽고싶다.

살기 위한 가이드라인이나 매뉴얼이 없는 세계에서도 사람은 올바르게 살아갈 수 있을까? 이는 우리 자신이 매일 스스로를 향해 던지는 질문이기도 한 동시에 잊으려고 하는 질문입니다. 이야기를 통해 이런 물음을 던지는 것이 바로 무라카미 하루키의 소설입니다. 신의 존재를 전제로 삼는 성서를 거스른다고 할까, 신이 없는 세계에서 사람이 어떻게 올바르게 살아갈 수 있을까를 묻고 있다고 할 수 있습니다.
- 우치다 타츠루,《하루키 씨를 조심하세요》중에서

60대 나이에 동년배의 작가를 이토록 열렬히 좋아한다고 고백하는 건, 어쩌면 큰 용기가 아닐까? 심지어 그 작가와는 개인적인 친분조차 없는데도. 바로 그래서 나는 우치다 타츠루가 좋다. 좋아하는 마음은 씩씩하게 좋아한다고 표현하고, 왜 좋아하는지를 자신의 지성과 관점과 삶으로 풀어내는 자세가 좋다. 그렇게 함으로써 좋아하는 마음조차 그의 고유한 개성과 자산이 되어버린다. 바람직한 팬이란 이런 것이다. 좋아하는 대상에 대해서 이야기하면서 결국은 자신에 대해서 이야기하는 사람.

군이 내가 이탈리아어를 배워야 할 필요는 없었다. 이탈리아에 살지 않았고 이탈리아 친구들도 없었다. 난 이탈리아어를 갈망했을 뿐이다. 하지만 결국 갈망은 미친 듯 원하는 욕망과 다르지 않다. 많은 열정적인 관계가 그렇듯 이탈리아어에 대한 내 열광은 애착, 집착이 될 터였다. 이성을 잃는, 응답받지 못하는 뭔가가 늘 존재하겠지. 난 이탈리아어와 사랑에 빠졌지만 내가 사랑하는 대상은 내게 무관심하다. 이탈리아어는 날 절대 갈망하지 않을 거였다.

　- 줌파 라히리,《이 작은 책은 언제나 나보다 크다》중에서

인도계 미국 소설가 줌파 라히리는 젊은 시절 이탈리아를 여행하면서 이탈리아어와 사랑에 빠졌다. 주요 문학상을 휩쓸며 작가 경력의 정점에 이른 그는 어느 날부터 영어로는 더 이상 글을 쓰지 않겠다고 선언한다. 이제 이탈리아어로만 글

을 쓰겠다는 것이다.

그러나 아무리 노력해도 원어민이 아닌 그가 완벽한 이탈리아어를 구사할 수는 없다. 심지어 이탈리아어로 소설을 쓴다는 것은 불가능한 일처럼 느껴진다. 영어로 쓸 때 숨 쉬는 것처럼 자연스러웠던 것들조차 이제는 도달하기 힘든 목표가 된다. 그럼에도 줌파 라히리는 포기하지 않고 이탈리아어로 쓰기를 고집한다. 이 이해할 수 없는 행위, 이 열정과 집착은 대체 어디에서 온 것인가.

줌파 라히리는 산문집 《이 작은 책은 언제나 나보다 크다》를 통해 이탈리아어에 대한 복잡하고도 확고한 감정을 고백한다.

난 이탈리아어로 나 자신을 표현할 단어를 많이 알지 못한다. 일종의 결핍 상태라고 생각한다. 하지만 동시에 난 자유롭고 가벼운 느낌이다. 내가 글을 쓰는 이유를 다시금 깨달았다. 필요에 의해서 글을 쓰지만 기쁨을 느끼는 것이다. 나는 어려서부터 느꼈던 기쁨을 다시금 맛보았다. 누구도 읽지 않을 노트에 단어를 적어 넣는 기쁨을 말이다. 나는 문장을 다듬지 않고 투박하게 이탈리아어로 글을 쓴다. 그리고 계속 불안한 상태다. 맹목적이지만 진실한 믿음과 함께 나 자신을 이해받고 이해하고 싶다는 생각뿐이다.

- 줌파 라히리, 《이 작은 책은 언제나 나보다 크다》 중에서

부모님은 인도인, 그 자신은 영국에서 태어나 미국에서 자란 줌파 라히리는 전 생애를 이방인으로 살아왔다. 그는 영어를

완벽히 구사했지만 외모와 피는 숨길 수 없는 인도인이었다. 그러나 인도에 사는 친척들이 보기에 완벽한 인도어를 구사하지 못하는 그는 미국인일 뿐이었다. 결국 어느 쪽에도 속하지 못한 이 작가가 영어도 벵골어도 아닌, 제3의 언어에 마음을 빼앗긴 것은 납득할 만한 행로인지도 모른다.

내가 불완전하다고 느낄수록 난 더욱 살아 있다는 느낌이 든다.

 - 줌파 라히리, 《이 작은 책은 언제나 나보다 크다》중에서

가끔 그런 생각을 한다. 사람들이 어떤 일을 하는 이유는, 굳이 그 일이 아니어도 좋고 딱히 돈 때문만은 아닌데도 그 일을 계속하는 이유는, 그 일이 불안과 패배와 절망을 선물하기 때문이 아닐까.

매일 책상 앞에 앉아 빈 화면을 마주할 때마다 나는 설레면서 동시에 차분해지는데, 차분해지는 이유는 내가 패배할 것이라는 사실을 이미 알고 있기 때문이다. 이 싸움에서 나는 절대로 이길 수가 없다는 사실, 쓰면 쓸수록 내가 못 쓴다는 걸 깨달을 거라는 사실, 그 사실이 왜 절망적이면서도 기쁜 걸까. 그 감정을 어찌 설명하면 좋을까.

무언가를 좋아하는 일은, 무언가를 열망하는 일은, 기쁨보다는 고통이 더 큰 일인지도 모른다. 아무리 노력해도 그쪽은 나의 마음을 알아주지 않는다. 아무리 노력해도 우리는 그것을 완벽히 이해할 수 없을 것이고, 그것에 가까이 다가가지 못

할 것이다. 나보다 더 대단한 존재, 나보다 더 큰 존재를 좋아하고 갈망한다는 것은 그런 일이다. 매 순간이 패배와 좌절의 연속이다. 그런데 실은 그 패배감과 좌절감이 우리라는 존재를 조금씩 이룩해 나간다.

나보다 더 큰 것 앞에서 겸허히 무릎을 꿇은 채 내가 할 수 있는 것을 찾아 분투하는 것. 그런 것이 어쩌면 사람들이 제대로 평가하지 않는 기쁨이 아닐까. 기쁨은 승리에서만 오는 것이 아니라 패배에서도 온다는 사실을, 무언가를 오랫동안 좋아하고 또 갈구한 사람들은 아는 것만 같다.

포켓 사전은 평상시 침대 머리맡 탁자 위에 있다. 그래야 책을 읽다가 모르는 단어를 쉽게 찾아볼 수 있기 때문이다. 이 사전으로 나는 다른 책들을 읽고, 새로운 언어의 문을 열 수 있다. 지금도 휴가나 여행을 떠날 때면 늘 지니고 다닌다. 사전은 내게 필수품이 됐다. 혹시라도 여행을 떠났는데 깜박 잊고 사전을 가져오지 않았을 땐 불안해지는 마음을 어쩔 수 없다. 마치 칫솔이나 갈아 신을 양말을 가지고 오지 않은 것 같다. 이제 이 작은 사전은 부모라기보다 형제 같다. 여전히 내게 필요하고 아직도 날 이끌어준다. 사전에는 비밀들이 가득하다. 이 작은 책은 언제나 나보다 크다.

　- 줌파 라히리, 《이 작은 책은 언제나 나보다 크다》 중에서

좋아하는 마음은 언제나 완벽히 보답받지 못한다. 그러나 우리보다 더 큰 것을 갈구하는 행위는 그 자체로 우리에게 주

어진 보답이다. 사실 그 패배의 기쁨을 한 번도 맛보지 못
한 채 살아가는 것이야말로 얼마나 큰 불행인가.

《**하루키 씨를 조심하세요**》| 우치다 타츠루 | 바다출판사
《**이 작은 책은 언제나 나보다 크다**》| 줌파 라히리 | 마음산책

포스트잇의 실패

내가 잡지사에 입사해 처음 쓴 기사는 실패에 관한 기사였다.
애초에 나는 실패에도 의미가 있고 실패한다고 다 죽는 게 아
니라는, 뭐 그런 이야기를 쓰고 싶었다. 그런 걸 쓰고 싶던 이
유는 나야말로 실패가 너무나 두려운 인간이기 때문이었다.

자료 조사를 해보니 세상에는 정말이지 다양한 '실패는 성공
의 어머니' 사례가 있었는데, 그중의 백미는 역시나 포스트잇
이었다. 잘못 만든 접착제를 버리지 않고 메모지 뒷면에 붙
였더니 붙였다 뗄 수 있는 역사상 최초의 문구가 되었다는,
그야말로 동화 같은 이야기. 그때의 내게는 그런 이야기가 필
요했다. 실패가 성공으로 돌변하는 이야기. 결말에는 언제나
성공이 있는 이야기. 실패가 실패가 아닌 이야기.

하지만 이제 나는 그런 이야기를 믿지 않는다. 세상에는 실패
에서 시작해 실패로 끝나는, 그저 실패이기만 한 이야기들이
수두룩하다는 것을 안다. 그래서 나는 그저 실패일 뿐인 이야
기를 찾는다. 그런 이야기를 찾으면 앞으로 내가 겪어야 할 실
패가 덜 두려워질 것 같기 때문이다.

프랑스 영화감독 미아 한센 러브의 영화 〈에덴: 로스트 인 뮤직〉을 봤다. 재미없는 영화였다. 하지만 미아 한센 러브의 영화가 언제나 그렇듯이, 꾹 참고 보다 보면 맨밥에서도 단맛이 나는 것처럼 담백하고 깊은 맛이 나는 영화이기도 하다.

1990년대부터 2000년대까지, 이 영화는 한 청년의 젊은 날을 담고 있다. 테크노의 시대에 개러지 음악(테크노의 한 종류)에 푹 빠진 폴은 친구와 DJ 듀오를 결성한다. 초짜 DJ였던 그들은 조금씩 메인 스트림으로 진출해 나간다. 매일 밤 클럽에서 음악을 틀고, 사람들은 그들의 음악에 맞춰 춤을 추며 떼창을 부른다. 좋아하는 일을 해서 좋고, 뭐든 잘 풀릴 것 같은 시간이다. 그건 폴 주변의 친구들도 마찬가지다. 주머니는 가볍지만 꿈과 야심만은 가볍지 않다. 친구의 자취방에 아무렇게나 엎드려 담배를 피우고, 잡지를 읽고, 꿈을 이야기하고, 음악을 만들고, 사진을 찍고, 만화를 그리고, 어쩌다 눈이 맞은 상대와 연애하는 젊은 날.

내가 대학에 입학한 1990년대 말의 한국은 테크노와 레이브와 하우스와 일렉트로닉의 시대였다(그 넷의 차이가 정확히 뭔지 아직도 잘 모르겠지만). 어느 주말 밤, 친구와 나는 홍대에 있는 무슨 클럽을 찾으러 갔다가 결국 찾지 못했다. 스마트폰도, 구글 맵도 없던 시절이었다. 우리는 밤거리를 배회하다가 어느 건물 앞에 선 한 무리의 사람들을 보았다. 자유로운 차림에 무표정한 얼굴로 담배를 태우는 사람들. 그들 주위의 강력한 자기장. 우리는 그 사람들이 나온 건물의 지하로 들어갔다. 그곳이 클럽이었다. 진짜 클럽. 그게 시작이었다.

케미컬 브라더스, 팻보이 슬림, 나인 인치 네일스, 다프트 펑크, 판타스틱 플라스틱 머신, 몬도 그로소, 프로디지. 우리 시대의 스타들. 우리는 그 강렬함에, 그 어둠에, 그 차가움에 마음을 빼앗겼다. 젊은이라면 열정을 쏟을 곳이 있어야 했는데, 운동권 시대가 거의 완전히 막을 내리고 대학에 입학한 우리에게는 딱히 열정을 쏟을 만한 데가 없었다. 공부라니, 공부에 열정을 쏟는 건 말도 안 되는 일이었다.

그래서 우리는 밤마다 클럽에 갔다. 구질구질한 과거와 연을 끊기 위해 우리에게는 그 기계적인 음악이, 그 무심한 몸짓이, 그 쿨한 열정이 필요했다. 그곳에는 당대의 젊은 예술가들이 잔뜩 모여 있었고, 나는 남몰래 그들을 부러워했다. 젊어서 무표정할 수 있다는 것은 얼마나 멋진 일일까. 남들에게 웃음을 팔지 않아도 된다는 건 얼마나 근사한 일일까.

그러나 〈에덴: 로스트 인 뮤직〉의 폴은 제대로 성공하기도 전에 실패의 미끄럼틀을 타기 시작한다. 일을 해도 돈은 벌리지 않고, 빚은 점점 늘어난다. 신용카드는 중지되고, 매번 어머니에게 손을 벌려야만 겨우 버틸 수 있다. 이 답 없는 현실에서 눈을 돌리기 위해 마약에 더 빠져들면서 그의 삶은 전방위적으로 엉망이 되어간다. 폴은 도저히 이 삶을 견딜 수가 없다. 쓰레기 같은 자신의 모습을 받아들일 수가 없다. 실패자가 된 자신을 어떻게 해야 좋을지 알 수가 없다.

결국 폴은 빚을 갚기 위해 청춘을 바친 디제잉을 그만둔다.

술도, 마약도 끊는다. 변변찮은 회사에 취직한 폴은 퇴근 후 글쓰기 워크숍을 듣기 시작한다. 그의 집에는 친구 시릴이 죽기 전 쓱쓱 자신의 자화상을 그리던 화이트보드 하나가 걸려 있다. 폴은 시릴의 자화상을 지워버리고 그 위에 '커피, 주스, 바나나'라고 적는다. 이제 그는 완전히 다른 삶을 살게 되었다. 실패 뒤의 가혹한 현실을 견뎌내는 사람이 되었다. DJ가 되기를 꿈꾸었고, 그 꿈을 이루었다가, 마약에 빠지고, 돈 문제에 시달리고, 자신도 모르는 사이에 흐름에서 밀려났다는 사실을 깨닫게 되고, 결국 빚더미에 오른 채 아무것도 아닌 사람이 되어버리는 인생. 이 영화는 사실 감독의 친오빠인 스벤 한센의 자전적 이야기다. 그는 심지어 여동생과 함께 이 영화의 각본을 썼다. 사람은 어떻게 자신의 가장 아픈 부분을, 돌이켜 생각하는 것조차 힘든 시절을 남들에게 보여줄 용기를 낼 수 있을까. 이 이야기를 하기로 마음먹은 이유는 무엇일까.

좋아하는 것을 열심히 한다고 해서 모두가 좋은 결실을 얻지는 못한다. 폴과 같은 시기에 데뷔한 다프트 펑크는 탁월했고, 그래서 그들은 지금껏 살아남았다. 하지만 폴을 비롯한 수많은 젊은 DJ들은 다른 일자리를 찾아야 했다. 성공한 만화가가 될 수도 있었을 폴의 친구 시릴은 제 손으로 목숨을 끊었다. 그것이 젊음의 무서움이다. 무엇이든 될 수 있을 것 같지만 그것은 눈속임에 불과하다. 결국 아무것도 되지 못할지도 모른다.

나는 폴과 그의 친구들에게 동질감을 느낀다. 나 역시 20대를 겪어냈다. 무언가 엄청난 것을 뚫고 지나온 느낌인데, 그것이 크게 자랑스럽지는 않다. 무엇을 뚫고 나왔는지 알 수 없는 느낌이기도 하다. 그것이 바로 젊음의 느낌이겠지.

한센 남매가 이 이야기를 영화로 만든 이유는, 이것이 그들만의 이야기는 아니기 때문일 것이다. 이 지구상의 무수한 젊은 시절에는 최소 몇 억 가지의 버전이 있겠지만 - 그것을 관통하는 줄기는 대개 이것이기 때문일 것이다. 실패, 아주 처참한 실패.

실패해도 처참하게 실패한 한 여자의 인생을 그린 〈혐오스런 마츠코의 일생〉은 뭐야, 이거 뭐야, 대체 뭐 하자는 거야, 하면서 보다 보면 어느새 웃다 울다 눈물 콧물 다 흘리며 푹 빠져드는 신기한 매력의 영화다. 되는 대로 하루하루 살아가는 한 청년이 죽은 고모의 방을 정리해 달라는 아버지의 부탁을 받는다. 오랫동안 가족과 연을 끊고 홀로 산 고모의 집은 온갖 쓰레기와 낙서로 가득하고, 이웃은 고모를 미친 여자였다고 말한다. 청년은 문득 고모의 인생이 궁금해진다.

고모, 마츠코는 중학교 교사였다. 노래도 잘하고 인기도 많던 젊고 예쁜 교사. 하지만 수학여행 때의 도난 사건을 해결하는 과정에서 마츠코는 계속해서 이상한 선택을 해버린다. 잠깐의 위기를 모면하려던 아이디어 때문에 사태는 걷잡을 수 없는 쪽으로 흘러가고, 결국 마츠코 자신이 절도범이 되어 학교에서 쫓겨나 집까지 나오는 신세가 된다.

사실 마츠코에게는 아픈 여동생만을 편애하는 아버지에 대한 콤플렉스가 있다. 그래서 그는 언제나 아버지가 원하는 대로 살아왔다. 아버지의 관심을 끌고 싶어서, 아버지의 사랑을 받고 싶어서, 아버지가 좋아하는 표정 - 치켜뜬 눈을 가운데로 모은 뒤 입술을 뒤집는 괴상한 표정을 지어 아버지를 웃기곤 했다. 그러다 아버지가 그 표정을 더는 좋아해 주지 않자 충격을 받은 마츠코는 위기에 몰릴 때마다 자기도 모르게 그 괴상한 표정을 지어 사태를 더 악화시키고 만다.

집을 나온 마츠코는 아버지를 대신해 자신을 사랑해 줄 남자를 찾아 헤맨다. 하지만 그들은 그를 착취하고, 폭력을 가하고, 함부로 대할 뿐이다. 어느 누구도 그를 진심으로 사랑해 주지 않는다. 결국 마츠코는 먹고살기 위해 호스티스가 되었다가 버블 호황기가 막을 내리자 해고당하고, 지금껏 열심히 모은 돈을 갈취한 기둥서방을 죽인 죄로 감옥까지 가게 된다.

사랑하고 또 사랑받고 싶었던 마츠코. 애인도 가족도 없는 외톨이 마츠코. 남자를 만나면 일까지 그만둬 버리는 마츠코. 자신을 때리고 배신하는 남자들에게라도 사랑받고 싶었던 마츠코. 맞아도 혼자인 것보다는 낫다는 마츠코. 그것이 자신의 행복이라 말하는 마츠코. 사랑받고 싶은 욕망이 너무 커서 상대를 옥죄는 마츠코. 이 사람과 지옥이라도 가겠다는 마츠코. 혼자 있는 것도, 함께 있는 것도 지옥이라면 함께 있는 지옥을 택하려는 마츠코.

나만 잘하면 다 나를 사랑해 주리라 믿었는데 그렇지 않은

이 상황을 마츠코는 이해할 수도, 받아들일 수도 없다. 국
상처받은 마츠코는 아무도 사랑하지 않기로 결심하고 방 안
에 틀어박혀 끝없이 먹고 마신다. 살이 찌고 쓰레기를 버리
지 않고 사람들과 말조차 섞지 않으며 매일 강가에 나가 앉
아 우는 인생. 그러던 마츠코가 우연히 옛 친구를 만나 다시 살
아보려 할 때, 그런 마음이 겨우 들었을 때, 그의 일생은 어이
없이 끝나버린다.

실패의 이야기를 모으며 나는 실패한 인생들에서 공통점을 찾
으려 노력한다. 웬만하면 그 길을 피해 가고 싶기 때문이다.
그들은 대개 태세 전환이 늦고, 회복 탄력성이 낮으며, 끈기
가 부족해 단시간에 결과가 나오지 않으면 금세 돌아서 다
른 길을 기웃거리고, 인생을 근시안적으로 바라보기에 순간
의 위기를 모면하는 데만 급급하며, 자기 안에서만 문제를 찾
거나, 반대로 타인과 환경에서만 문제를 찾는다. 나는 틀린 그
림 찾기를 하듯, 내 인생에서 그런 실패의 요인들을 찾아내 없
애보려 한다.
〈에덴: 로스트 인 뮤직〉과 〈혐오스런 마츠코의 일생〉을 실패
에 대한 보고서로 읽는다면 그들이 어떻게 해서 실패했는지
를, 인간은 도대체 어떻게 해서 실패하는지를 그런 식으로 분
석할 수 있을지 모른다. 폴은 마약을 너무 많이 하고 너무 많
이 도취한 상태로 지냈다. 앞날을 생각하지 않고 현재만을 살
았다. 마츠코는 자기 안의 빈 곳을 타인이 채워줄 수 있으리
라 믿었다. 그리고 너무 많은 사랑에 자신을 던졌다. 그 사랑

의 대부분은 그렇게까지 할 가치가 없는 것이었다. 사랑받고 싶다는 강박에서 벗어나지 못했기에 마츠코의 인생은 계속해서 꼬여갔다.

그럼에도 이 영화의 사려 깊은 감독들은 이 사람들의 인생을 한낱 실패담만으로 그리지 않는다. 그들을 동정하지도, 단죄하지도 않는다. 이 감독들은 실패한 인생의 아름다움을 기어이 찾아내고, 우리가 인생에서 경험해야 할 것이 무엇인지를 알려준다.

"인간의 가치란 건 누군가에게 뭘 받았냐가 아니라 누군가에게 뭘 해줬냐는 거겠지."

마츠코의 일생은 이 한마디로 수렴된다. 철저히 불행했던 그의 일생은 타인에게 끝없이 자신을 바치려는 일생이었다. 어쩌면 그래서, 마츠코의 일생은 실패가 아니었는지도 모른다. 그것은 실패도 성공도 아닌, 그저 한 사람의 일생일 뿐이었다. 폴의 젊은 날도 마찬가지였을 것이다. 사랑하는 것에 헌신하던 나날들은 얼마나 아름답고 눈부셨는지. 비록 그 사랑은 보답받지 못했지만, 그렇게 열렬히 사랑한 경험은 폴의 영혼에 어떤 리듬을 새겼을지.

포스트잇은 실패의 산물이었다. 포스트잇 이전에 접착력이 신통치 않은 접착제가 있었다. 이것이 빠른 태세 전환의 적절한 예가 아닐까. 실패한 접착제를 종이에 발라서, 쉽게 붙였다 뗄 수 있는 메모지를 만들어 성공시키다니.

나의 실패를, 내가 겪은 모든 실패를 아직 이루지 못한 성공과 연결 지어 본다. 그러다 문득 그것이 실패였는지, 아니었는지 잘 모르겠다는 생각이 든다. 그때는 실패 같기만 했는데 지금 보니 그건 그저 내 인생에 일어난 어떤 일일 뿐이었다. 그 후에도 인생은 끝나지 않았고 또 다른 일들이 계속해서 일어났다. 실패도, 성공도 아닌 일들이.

길을 잃은 것 같았던 때에도 인생은 흘러가고 있었다. 사랑이 끝난 후에도 다시 누군가를 사랑하게 되었으며, 원하던 걸 갖지 못했어도 쉽게 비참해지지는 않았다. 그저 살아왔을 뿐이다. 그리고 그저 살아갈 뿐이다. 실패도, 성공도 괘념치 않고.

〈에덴: 로스트 인 뮤직〉(2014) | 미아 한센 러브
〈혐오스런 마츠코의 일생〉(2006) | 나카시마 테츠야

우리 둘의 10킬로그램

나는 평소 몸무게라든지 다이어트에 지나친 관심을 기울이는 것은 행복한 인생에 걸림돌이 된다고 생각해 왔다. 체중계를 들여놓지 않는 것, 음식의 칼로리를 계산하지 않는 것은 불행해지지 않기 위한 나름의 방책이었다.

그런 내가 체중계를 샀다. 살이 너무 많이 쪘기 때문이다. 도저히 이 상태로는 안 되겠다는 생각이 들어서였다. 어느 밤 체중계 위에 올라가 몰래 몸무게를 재고 있는데 남편이 뒤에서 슬쩍 다가왔다. 내 몸무게를 본 그는 경악하더니 미친 듯이 웃어댔다. 열이 받은 나는 싫다는 남편과 격투를 벌여 단두대 위에라도 세우듯 억지로 그를 체중계 위에 올렸다. 남편의 무게도 엄청났다. 우리는 둘 다 결혼 전보다 10킬로그램이 늘어난 사람들이 되어 있었다.

서로 살을 빼자고, 지금보다 5킬로그램만 빼자고 손가락 걸고 굳게 다짐한 후에 문득 그런 생각이 들었다. 우리에게 붙은 10킬로그램의 살은 어떤 것일까. 그건 그냥 단순한 지방일까. 밤늦은 시간에 참지 못하고 먹어 치운 치킨이나 맥주일까.

입이 심심하면 쑤셔 넣던 머핀일까. 가랑비에 옷 젖듯 조금씩 늘어난 밥의 양일까.

어쩌면 그건 그냥 살이 아니라, 10년이라는 세월의 무게일지도 몰랐다. 둘이 함께 보낸 10년의 세월. 그렇다면 그건 어떤 세월이었을까. 10년 동안 우리는 무엇을 잃고 무엇을 얻었을까. 10년 전의 우리와 지금의 우리는 같은 사람들일까. 10년 만에 우리는 어떤 사람들이 되었을까.

테오도르라는 남자는 남의 편지를 대신 써주는 일을 한다. 아내와는 별거 중이고 곧 이혼하게 될 것이다. 아직 아내를 잊지 못하는 이 외롭고도 외로운 남자는 어느 날 인공지능 OS인 사만다와 사랑에 빠지고 만다. 마치 아이폰의 시리와 사랑에 빠지는 것처럼.

영화 〈그녀〉를 보고 사람들은 어떤 생각을 했는지 모르겠는데, 나는 소피아 코폴라 생각이 났다. 아주 오래전, 재기발랄한 신인 감독이던 〈그녀〉의 감독 스파이크 존즈는 일을 위해 일본에 간 적이 있다. 이 여행에는 결혼한 지 얼마 안 된 그의 아내가 동행했고, 남편이 일을 하러 다니는 동안 아내는 낯선 도쿄에서 마음 붙일 데를 찾지 못하고 외로워했다. 이 기억은 스파이크 존즈의 아내였던 소피아 코폴라의 영화 〈사랑도 통역이 되나요?〉의 모티브가 된다.

젊고 전도유망한 감독과, 아버지가 무려 프란시스 포드 코폴라인 영화계의 귀족 처녀는 결국 결혼 4년 만에 이혼하고 만다. 그들은 왜 헤어진 것일까. 딱히 내가 궁금해야 할 이유는 없지만, 두 사람 역시 그 결정을 아쉬워하지 않겠지만, 테오도르가 인공지능 OS 사만다와의 관계를 통해 아내와의 이별을 받아들이는 과정이 내게는 감독 자신의 실패한 결혼에서 비롯된 이야기가 아닌가 싶은 것이다.

결혼이라는 것이 어떤 것인지 사만다가 물었을 때, 테오도르의 답은 이렇다. 사랑에 빠진 어린 남녀가 부모의 영향력에서 벗어나 둘만의 세계를 만들어 나간다는 것은 자유롭고 스릴 넘치는 일이라고. 그러면서 그는 덧붙인다.

"하지만 그게 가장 힘든 부분이에요. 적당한 거리를 유지하면서 성장하는 것. 서로를 겁먹게 하지 않으면서 변화하고, 삶을 공유하는 것."

술과 담배를 마음대로 사고, 19금 영화를 실컷 보고, 떳떳하게 콘돔을 계산대 위에 올려놓을 수 있는 것만으로 어른이 되었다고 할 수 있을까? 결혼은 어떤 사람에게는 부모에게서 정신적, 육체적으로 독립해 진정한 성인이 되기 위해 거쳐야 할 관문이 될 수도 있다.

나는 스물여덟 살에 결혼했다. 남편은 나보다 두 살이 어려서 스물여섯 살. 철없을 나이였다. 곧 아이가 태어났다. 그와 거의 동시에 남편은 대학을 졸업하고 사회생활을 시작해야 했다. 모든 것이 새로웠다. 부모에게서 독립하는 것, 부부가 되는 것, 부모가 되는 것, 사회인이 되는 것. 이 전대미문의 삶에 적응하는 일은 우리 둘에게도 쉽지 않았다. 이미 사회생활을 먼저 시작해 경제적으로 독립한 나보다는 남편 쪽이 더 힘겨웠을 것이다.

우리에게는 여러 가지 문제가 닥쳤다. 노력해도 달라지는 것은 없었다. 어디로 가야 할지도 알 수 없었고 내가 어디에 있는지도 알 수 없었다. 그때 심정은 아이 하나는 손에 잡고 다른 하나는 등에 업은 채 소달구지에 보따리를 산처럼 싣고 누가 퍼붓는지도 모르는 폭격을 피해 알지도 못하는 곳으로 피난을 가는 사람의 마음과 비슷했을 것이다. 말은 안 했지만 우리는 같은 생각을 하고 있었다. 그냥 놓아버릴까. 다 포기해버릴까.

하시구치 료스케의 영화 〈나를 둘러싼 것들〉에 등장하는 야무지고 꼼꼼한 여자 쇼코는 배란일을 체크하며 임신을 기다린다. 작은 구둣방에서 구두를 닦는 헐렁한 남편 카나오는 여자 손님들에게 집적대거나 하더니 급기야 구둣방을 그만두고 법정 화가로 일하겠다고 나선다. 쇼코에게 그런 남편은 영 못 미덥기만 하다.

쇼코는 결국 임신하지만 유산을 하고, 그 상처에서 벗어나지 못해 정신적으로 무너져 간다. 동시에 카나오는 법정에서 그림을 그리며 온갖 끔찍하고 가슴 아픈 사건들과 범인들, 피해자들을 목격한다. 그러면서 그는 아내의 상처 입은 마음을 읽으려 애쓰지만 쉽지 않다.

늘 감정을 억누르며 살아가던 쇼코는 어느 밤 무심하게 거미를 죽인 카나오에게 달려들어 악을 쓰며 그를 마구 때린다. 카나오가 죽인 거미는 어쩌면 쇼코였을지도 모른다. 아니면 그녀의 마음, 죽은 아기와 함께 묻어버린 그녀의 마음이었을 것이다. 카나오는 치솟는 분노로 발작을 일으키는 쇼코를 달래며 이렇게 말한다.

"당신은 너무 생각을 많이 해. 모두한테 미움받아도 되잖아. 좋아하는 사람한테만 사랑받아도 되잖아."
"나도 그리고 싶은데 사랑받고 있는지 잘 모르겠어. 내 옆에 있어주긴 하는데, 나를 위해 있어주는 건지 모르겠어."

그러면서 쇼코는 고백한다. 그의 마음이 점점 자신에게서 멀어져 가는 것이 느껴지는데 어떻게 해야 할지를 모르겠노라고.
두 사람은 함께 산다. 또 같은 상처를 안고 있다. 두 사람은 가족이다. 그러나 두 사람은 각자의 세계에서 살아간다. 두 사람의 세계는 아주 잠깐 겹칠 뿐이다. 두 개의 선로처럼 만날 듯하면서 만나지 않는다. 두 사람은 서로 스쳐 지나가는 부부다. 이런 상태로 살아가는 것에 어떤 의미가 있을까. 문제를 직면하려기보다는 회피하려는 남자와 계속 함께할 수 있을까. 문제를 끌어안고 무너져 버리는 여자와 계속 같이할 수 있을까. 사람들은 어떤 때에 헤어지기로 결심할까. 어떻게 그렇게 엄청난 결심을 할 수 있을까. 어쩌면 겁이 많아서, 비겁해서 헤어지지 못하는 걸까. 부부는 왜 헤어지는 걸까. 부부는 왜 헤어지지 않는 걸까. 부부는 왜 계속 함께 살아야 하는 걸까. 부부는 무엇으로 함께 살아가는 걸까.

한창 남편과 사이가 좋지 않던 어느 날, 마트에 갔다가 한 부부를 보았다. 늙고 초라한 부부였다. 어디서나 볼 수 있을 아저씨와 아줌마였다. 촌스러운 옷을 입고 촌스러운 머리 모양을 한, 한눈에도 넉넉해 보이지 않는 사람들이었다. 싸구려 옷들이 잔뜩 걸린 옷걸이 쪽으로 그들이 다가왔다. 웃는 얼굴의 아내가 다정한 목소리로 남편에게 말했다. "이거 당신한테 잘 어울릴 것 같다. 그렇지?" 남편이 그 말을 듣고 옷을 몸에 대봤다. 별로였다. 아내는 괜찮다며 칭찬을 하고 남편은 기분 좋아했다. 둘은 그 옷을 다시 내려놓고 사라졌다.

그때 그런 생각이 들었다. 부부라는 건 저런 거 아닌가. 별로 잘난 것도 없는 사람들끼리 만나서 서로 보듬고 의지하고 붙들어 주면서 사는 거 아닌가. 그냥 그런 거 아닌가. 나는 남편과 계속 함께 살아야 할 이유가 무엇인지 나 자신에게 물을 때마다 그 순간을 종종 떠올려 보곤 한다.

결혼을 한 후에 나는 사랑을 다시 배웠다고 생각한다. '배웠다'가 아닌 '배웠다고 생각한다'고 쓰는 이유는 당연히, 내 생각이 착각일지도 모르기 때문이다. 사랑이 무엇인지 나는 잘 모른다. 누가 물어보면 분명 머뭇거릴 것이다. 하지만 이것 하나는 안다. 우리 모두에게는 각자의 사랑이 있다. 그 사랑이 무엇인지는, 그 사랑의 정의가 무엇인지 결정하는 것은 각자의 몫이다. 오직 두 사람의 일이다. 두 사람의 사랑은 두 사람의 것이다. 그러니 그 정의는 두 사람이 함께 만들어 나가야 한다. 그래서 사랑이 힘든 것이다.

우리는 테오도르와 그의 아내처럼 헤어질 수도 있었다. 따지고 보면 사람들은 별것 아닌 일들로 헤어지곤 하니까. 헤어짐을 받아들이기 위해 우리는 상대를 미워하고 그리워하고 비난하고 자기 자신을 책망하는 고통스러운 시간을 거쳐야 했을 것이다. 어쩌면 그 시간들은 영원히 계속될지도 몰랐다. 헤어지지 않고 용케 버틴 후 돌아보니 헤어지지 않기를 잘한 것 같다. 쇼코는 집들이에 놀러 온 신혼부부에게 묻는다.

"사이가 좋아 보이네. 슬픈 일 기쁜 일 다 말해줘?"

역시 그런 걸지도 모른다. 슬픈 일 기쁜 일 다 말해주는 것. 나는 오래전에 사귄 한 남자가 내게 해준 말을 기억한다. 원래 말수가 적은 사람들이던 우리는 사정상 자주 볼 수 없었는데, 서로 좋아하긴 했지만 만날 때마다 무슨 말을 해야 좋을지 몰라서 당황했었다. 한번은 그 남자가 이렇게 말했다. "엄마가 그러는데, 자주 얼굴을 보는 사이일수록 할 말이 더 많은 법이래." 그때의 내게는 '자주 얼굴을 보는 사이일수록 할 말이 더 많다'는 얘기가, 지금 생각해 보면 당연한 그 말이 무척 다정하게 들렸다(물론 "엄마가 그러는데"는 빼고). 나는 여전히 그 말이 참 마음에 든다. 할 말이 많은 것은 좋은 것이다. 그래서 테오도르가 시도 때도 없이 말을 거는 OS 사만다와 사랑에 빠진 것이리라. 바로 그 다정한 대화 때문에.

바쁜 와중에도 짬을 내어 남편과 함께 걷고 싶다. 걸을 때 우리는 이야기를 많이 하니까. 물론 이야기를 하다가 싸울 때도 많다. 싸울 때 싸우더라도 이야기를 하는 건 좋은 것이다. 그러다 가끔 손을 잡기도 한다. 그렇다. 부끄럽지만 우리는 손잡는 걸 잊어버린 부부가 되어 버렸다. 양손에 아이 손이나 짐 같은 것이 들린 채로 10년을 보내다 보면 어쩔 수 없이 그렇게 된다.

결혼 후 10년쯤 지나니 이제야 서로 손잡을 여유가 생겼다. 누군가의 손을 잡을 때면, 그 사람이 내 손을 잡아줄 때면 사람은 겸손해진다. 곁에 누가 있어서 내 손을 잡아준다는 이 현실이 고맙다. 그리고 그 사람이 내 손을 뿌리치지 않아서, 가끔 힘을 주어 꽉 쥐어주어서 고맙다.

쇼코는 남편의 손이 좋다고 말했다. 딱히 눈에 띄지 않는 부위. 눈도 아니고 코도 아니고 입도 아닌 손. 나도 그 마음을 알 것 같다. 왜 노부부들이 어깨나 허리를 감싸는 것이 아니라 손을 잡는지 알 것 같다. 열정이 사라진 후 남은 담백한 형태의 사랑은 손으로 전해진다. 내가 여기에 있다는 것. 네 옆에 서서 네 손을 놓지 않겠다는 것. 계속 네 곁에 함께 있겠다는 것.

그러니까 그것은 사랑이다. 열정이 지나간 자리에 남은 따뜻하고도 단단한 그것은 분명, 사랑이다. 그리고 그것의 무게는 10킬로그램이다.

〈그녀〉(2013) | 스파이크 존즈
〈나를 둘러싼 것들〉(2008) | 하시구치 료스케

인간적인 너무 인간적인

내가 아이들의 옷을 거의 사주지 않고 얻어 입힌다는 것, 내가 가진 옷 역시 싸구려 티셔츠와 청바지 몇 벌이 전부라는 것, 깨진 도시락을 수년째 계속 쓰고 있다는 것, 외식을 거의 하지 않는다는 것, 4인 가족 최저 생계비의 수준에 맞춰 생활하고자 노력하고 있다는 것을 아는 사람들은 내가 절약 정신이 투철한 사람인 줄로만 안다. 오해다. 나는 헛된 곳에 돈을 잘 쓴다. 소위 기분파다. 애들한테는 7천 원짜리 돈가스도 안 사주면서 밖에 나가서는 7만 원어치 술을 잘도 사 마신다. 100원, 200원에 벌벌 떨면서 100만 원, 200만 원을 들여 해외여행도 잘만 간다. 한심하다.

그런 나는 돈에 대해 정말 열심히 생각한다. 돈을 더 벌고 싶거나 돈을 더 모으고 싶은 게 아니다. 내가 생각하는 것은 생존을 위해 돈을 벌고 또 쓸 수밖에 없는 상황에서, 어떻게 해야 나 자신과 내 가족을 지킬 수 있는지다. 어떻게 해야 돈에 휘둘리지 않을 수 있을까. 어떻게 해야 돈에 얽매이지 않을 수 있을까. 어떻게 해야 돈을 삶의 수단으로 받아들일 수 있을까.

가쿠다 미쓰요의 소설《종이달》은 평범한 가정주부가 젊은 남자에 빠져 10억 엔을 횡령한다는 통속적 소재의 소설이다. 그러나 이 이야기는 통속의 겉핥기가 아닌, 소비사회에서 돈과 불가분의 관계인 개인의 욕망과 자존감의 문제를 깊이 있게 다루고 있다. 아이 없이 회사원 남편과 함께 사는 리카는 남편에게서 사랑받고 있다는 느낌을 받지 못한다. 그는 다시 일을 시작하기로 하고 은행의 시간제 사원으로 취직한다. 가정주부로 남편의 경제력에 의지해 살아가던 리카는 자신의 힘으로 일해서 돈을 벌고 그 돈을 쓰면서 짜릿한 유능감에 휩싸인다. 잃어버린 삶을 되찾은 것만 같은 느낌이다. 결코 되어본 적 없던, 진정한 자신이 된 기분이다.

나는 이 일을 좋아하지 않는다고, 리카는 근무하는 동안 줄곧 생각했었다. 명함에 적힌 자신의 이름은 가키모토 리카의 극히 일부라고, 늘 느끼고 있었다. 그 일부인 채 나이를 먹고, 어느새 자신의 일부가 완전히 자기 자신이 돼버린 게 아닐까 하고 막연히 공포를 느끼고도 있었다. 그렇다고 해서 전직할 용기가 있는 것도 아니어서 마사후미가 결혼 의사를 넌지시 비쳤을 때는 깊이 안도했다. 자신의 일부를 일부로밖에 느낄 수 없는 부분을 완전히 잘라내 버릴 수 있다고 생각한 것이다. 리카는 미련 없이 퇴사를 선택했다.

- 가쿠다 미쓰요,《종이달》중에서

리카는 어느 날 나이 든 고객의 집으로 외근을 갔다가 그의 손자인 대학생 고타를 만난다. 서로에게 호감을 느낀 이들은 어느새 사랑에, 그러니까 불륜에 빠지고 만다. 리카는 돈이 필요하다는 고타를 위해 그의 할아버지가 예금해 달라며 맡긴 돈을 훔친다. 그렇게 가볍게 시작한 일이었다. 액수도 그다지 많지 않았다. 어차피 고타는 고객의 손자다. 다시 채워 넣으면 된다. 그러나 고타를 위해, 자신을 위해 슬쩍한 돈의 액수는 서서히, 그리고 기하급수적으로 불어난다. 리카는 고객에게 가짜 예금 증서를 써주고 그 돈을 자신의 통장에 입금한다. 언젠가는 갚을 것이라 믿어 의심치 않으면서.

남편은 너무 바빠서 벌써 며칠째 저녁을 함께 먹지 못했다거나, 자신을 건드리는 걸 거부한 지 4년이 지났다거나, 결국 조금씩 아이를 포기하고 있다거나, 실은 앞으로 부부가 같이 무엇을 지향하며 살아갈지 모르겠다거나, 자신을 생각하는 마음이 진심도 아닐 젊은 남자아이와 잤다거나, 혹은 거래처에서 좋지 않은 일이 있었다거나, 사소한 일로 상사에게 주의를 받았다거나, 지난 한 달 동안 천만 엔의 정기예금을 신규로 받았는데 평가받지 못했다거나, 그런 일상의 이런저런 일을 모두 잊고, 또 그런 이런저런 일과 일절 관계없는 특별한 사람이 된 것 같다. 그런 류의 유쾌함이었다. 그 유쾌함은 그날 아침의 만능감과 비슷했다. 자신은 선택받은 누군가이며, 살고 싶은 곳으로 갈 수 있고, 갖고 싶은 것을 가질 수 있다. 그런 기분이다.

- 가쿠다 미쓰요, 《종이달》 중에서

작가 가쿠다 미쓰요는 수렁에라도 빠지듯 파국을 향해 달려가는 리카의 이야기에 그의 횡령과 도피 소식을 알게 된 전 애인, 친구, 지인들의 이야기를 곁들인다. 평범한 듯 보이지만 실은 아슬아슬한 줄타기를 하고 있는 그들의 삶 속에도 리카의 그림자가 드리워져 있다. 그들 역시 언젠가, 어떤 상황에 처하면 리카 같은 일을 저지를지 모른다는 불안감과 두려움을 품고있다. 리카는 어떤 존재일까. 리카가 한 일은 무엇이었을까. 리카는 무엇을 위해 그 일들을 한 것일까.

《종이달》을 읽다 보니 문득 프랑수아즈 사강의 에세이 《고통과 환희의 순간들》이 떠올랐다. 19살 나이에 소설 《슬픔이여 안녕》을 출간한 사강은 유명세와 돈과 술과 마약, 가십과 스캔들에 휩싸여 보통 사람은 상상하기 힘들 화려한 인생을 살았다. 그는 마약 복용으로 기소되어 50대의 나이에 선 법정에서는 이렇게 선언하기도 했다. "나에게는 나를 파괴할 권리가 있다." 사강은 유명인들과 어울렸다. 결혼을 두 번 했다. 휴양지에서, 나이트클럽에서 흥청망청 즐겼다. 도박을 좋아했다. 스피드광이었다. 약물과 알코올에 중독됐다. 사치와 쾌락을 사랑했다. 그 결과 막대한 빚을 지고 파산했으며 사고로 목숨을 잃을 뻔하기도 했다. 그가 하나밖에 없는 아들 앞으로 남긴 빚은 자신의 첫 소설만큼이나 기념비적이었다.

도박은 우리의 가슴을 뛰게 하고, 시간이라는 모래시계를, 돈이 주는 중압감을, 사회가 가하는 '문어발식' 속박을 잊게 한다. 도박을 할 때 돈은 결코 존재하기를 멈추지 않는 어떤 것, 장난감, 플라스틱 칩, 다시 말해 교환 가능한 본성을 지닌 현실에 존재하지 않는 어떤 것이 되어버린다. 또한 진정한 도박사는 심술궂고 인색하고 공격적인 경우가 매우 드물며, 마음속에 너그러움을 간직하고 있다. 자신이 가진 것을 잃는 일을 두려워하지 않고, 물질적, 정신적인 모든 소유를 일시적인 것으로 간주하고, 모든 패배를 우연으로 간주하며 모든 승리를 하늘의 선물로 간주하는 사람들처럼 말이다.

- 프랑수아즈 사강,《고통과 환희의 순간들》중에서

가계부를 쓰고 쓸데없이 외식하는 걸 싫어하고 100원, 200원에 벌벌 떠는 나와 프랑수아즈 사강은 완전히 다른 유형의 사람이다. 그럼에도 그의 에세이를 읽다 보면 사치와 쾌락에 관한 논리나 철학 같은 것을 납득하게 되고 만다. 나 자신은 이렇게 살 수 없을지라도, '이렇게 살 수도 있겠구나'라는 생각은 든다. 프랑수아즈 사강은 자신에게 충실한 삶을 살았다. 느낄 수 있는 것을 최대한 느끼려고 했다. 그는 나와는 다른 빙식으로 삶의 정수를 맛보려 했다. 이 방탕한 삶 속에서 허우적대는 아름답고 가여운 영혼들에 경탄을 보냈다. 실패한 사람들, 타락한 사람들, 파멸한 사람들을 따뜻한 눈빛으로 어루만졌다.

'나는 어떤 사람이고 누구인가? 나는 나다. 나는 살아 있다.

나는 삶을 살고 있다. 나는 시내에서는 시속 90킬로미터로, 국도에서는 110킬로미터로, 고속도로에서는 130킬로미터로, 머릿속에서는 600킬로미터로 달릴 것이다. 그러나 내 느낌으로는 시속 3킬로미터로 달리고 있다. 법정이, 사회가 정한 절망의 모든 법칙에 따라. 어린 시절부터 나를 둘러싸고 있는 그 자유분방한 측정기들은 대체 무엇인가? 내 인생에, 내 하나뿐인 인생에 부과된 속도는 과연 무엇인가?'

　　　　　- 프랑수아즈 사강,《고통과 환희의 순간들》중에서

자신은 무엇이든 할 수 있다. 어디로든 갈 수 있다. 갖고 싶은 것은 모두 손에 넣었다. 아니, 갖고 싶은 것은 이미 모두 이 손 안에 있다. 커다란 자유를 얻은 듯한 기분이었다. 예전에 이른 아침 역의 플랫폼에서 느낀 행복감이 플라스틱 장난감으로 느껴질 만큼, 그 기분은 확고하고 강하고 거대했다. 나는 지금까지 무엇을 자유라고 생각하고 있었을까? 무엇을 손에 넣었다고 생각했던 걸까? 지금 내가 맛보고 있는 이 엄청나게 큰 자유는 스스로는 벌 수 없을 만큼의 큰돈을 쓰고 난 뒤에 얻은 것일까, 아니면 돌아갈 곳도 예금 통장도 모두 놓아버린 지금이어서 느낄 수 있는 것일까.

　　　　　　　　　　- 가쿠다 미쓰요,《종이달》중에서

《종이달》속 리카의 친구이자 절약 정신 투철한 유코는 꼭 나 같아서 가슴이 쓰렸다. 그러나 나도 과거에는 소비로 공허를 달래는 아키 같은 여자였다. 가즈키의 아내 마키코처럼 현실을 부정하던 날들도 있었다. 앞으로 무슨 일이 생긴다면 나는 다시 아키가 될지도 모른다.

사실 내 속에는 괴물 하나가 숨어 있다. 지금은 용케 잘 눌러서 그놈을 잠재우고 있지만 그 놈은 죽지도 않았고 어디 가지도 않았다. 그놈은 때를 노리고 있다. 내가 약해졌을 때를 노려 불쑥 튀어나올 작정으로.

그 괴물은 새로운 한 주가 시작되기 전의 일요일 밤이면 모습을 드러낸다. 환한 옷가게의 거울 속에서 나를 지켜볼 때도 있다. 누군가를 질투할 때, 내 삶이 초라하게 느껴질 때 나타난다. 이 모든 게 다 무슨 소용일까 하는, 회오리바람 같은 의심에 휩싸일 때도 나타난다. 가지고 싶은 것이 생겼을 때, 그것만 가진다면 내가 더 괜찮은 인간이 될 것 같다고 느낄 때, 사탕발림에 혹하고 비난에 좌절할 때 나타난다. 사는 게 버겁다고 느낄 때, 앞으로의 삶이 막막하다 느낄 때도 나타난다. 그 괴물은 충동구매나 과소비나 무절제나 방탕함의 이름을 하고 있다.

나는 내게도 그놈이 있다는 걸 잘 알고 있다. 기회만 되면 그놈 때문에 패가 망신할지도 모른다는 사실도 잘 알고 있다. 그럴 뻔한 적도 있었다. 신용카드로 돌려막기를 해가며 옷과 구두를 사들이고, 좋아하지도 않는 사람을 갖기 위해 안간힘을 썼다. 쉽게 사랑에 빠지고 쉽게 미워했다. 커다란 여객선이 아니라 작은 파도에도 출렁이는 조각배를 탄 것처럼 살았다. 지금 나는 중간 크기의 여객선에 탄 것처럼 살고 있지만 실은 언제 조각배로 옮겨 탈 신세가 될지도 모른다. 그렇게 되지 않기 위해 갖은 애를 쓰며 살고 있는 것뿐이다.

어쩌면 나 역시 어느 날 리카가 될지도 모른다. 그러지 않으리라는 보장이 없다.

《종이달》을 읽으면서 나는 남의 돈에 손을 대면 안 되겠다거나, 젊은 남자에게 빠졌다가 인생 종칠 수도 있다거나 하는 교훈 같은 건 얻지 못했다. 리카에게 도덕적 우월감을 느끼지도 않았다. 나는 그저 이 슬픈 파멸은 어떻게 이다지도 인간적인가, 하는 생각을 했다. 리카가 저지른 일들에 심판을 내릴 필요는 없었다. 리카는 오로지 자신을 찾기 위해 돈을 썼고 남의 돈을 훔쳤다. 그뿐이다. 내게는 그 몸부림이 오히려 눈물겨웠다. 리카가 이런 덫에 빠진 것은 인간적인 인간이었기 때문이다. 프랑수아즈 사강이 스스로를 파괴하는 동시에 파멸해가는 사람들을 사랑한 것 역시, 지나치게 인간적이었기 때문이다.

우리들 대부분은 자신의 인간성에 눈 뜨고 보기 힘들 정도로 추잡한 것들이 있다는 것을, 언젠가는 우리를 검은 수렁으로 끌어당길 무서운 힘이 있다는 것을 모르거나 부정한 채 살아간다. 그런데 어떤 사람들은 그럴 수가 없다. 그것까지 맛보지 않고서, 끌어안지 않고서 진정한 인간이 될 수 있는 법을 알지 못한다. 그래서 그들이 너무나 인간적인 것이다.

스피드에 대한 애호는 스포츠와는 아무 상관이 없다. 오히려 그것은 도박이나 운명과 통한다. 그것은 사는 것의 행복과 통한다. 그 결과 행복 속에 늘 감도는 죽음에 대한 어렴풋한 소망에 이끌린다. 내가 진실이라고 믿는 모든 것이 바로 여기에 있다. 스피드는 어떤 것의 표시도 아니고 증거도 아니다. 도발이나 도전도 아니다. 그것은 행복의 도약이다.

- 프랑수아즈 사강, 《고통과 환희의 순간들》 중에서

《종이달》 | 가쿠다 미쓰요 | 위즈덤하우스
《고통과 환희의 순간들》 | 프랑수아즈 사강 | 소담출판사

행복하지 않아도 괜찮아요

친구가 물었다. "요즘 무슨 고민 없니?" 내게 무슨 고민이 있기를 바라는 것 같은 친구의 기대에 발맞춰 주고 싶어 나는 내게 무슨 고민이 있나 잠시 고민을 해봤다.

뱃살? 너무 형이하학적이야. 인간관계? 얘기해 봤자 달라질 것도 없는 '남 욕'일 뿐. 애들 교육? 바보는 아닐 거야, 알아서 잘 살아야 할 텐데. 부부 관계? 15년이나 같이 살았는데 이제 와서 뭘 어쩌겠는가?

딱히 고민이랄 것은 없었다. 고민이라고 해봤자 말하기도 귀찮은 시시콜콜한 문제들뿐이다. 그럼 내게는 진정한 고민이 없는 걸까? 그럴 리가. 고민 하나 없이 이런 얼굴이 되기도 쉽지 않다. 다시 생각해 보니 내게도 고민이 있다. 매일같이 생각하고 매시 매분 매초 생각하는 것들이 있다. 그건 죄다 '일'에 관한 것이다.

일을 잘하고 싶다. 더 잘하고 싶다. 잘하면서도, 올바른 방향으로 나아가고 싶다. 이번엔 지난번보다 더 나아지고 싶다. 사람들을 실망시키지 않고 싶다. 지금 하는 일을 좋아하고 싶다.

오래오래 일하고 싶다. 망하지 않고 싶다. 망가지지 않고 싶다. 살아남고 싶다. 그런데 그건 어떻게 하는 걸까?

내 고민이 오로지 일에 한정된 이유는 아마 나이 탓일 것이다. 한창 일할 나이, 사회적 욕구가 커지는 나이, 오래전 뿌린 씨앗이 싹을 틔우고 줄기가 자라고 잎이 커지면서 조금씩 열매를 맺기 시작할 나이, 더 이상 젊다고 할 수 없을 나이. 그렇다. 나는 40대에 접어들었다.

나에게는 지금이 가장 열심히 일할 때다. 어쩌면 지금이 내 마지막 기회가 아닐까 싶기도 하다. 지금은 나의 식물들에 열심히 볕을 쪼이고 물을 주고 웃자란 것들과 덜 자란 것들을 솎아내고 잡초를 뽑아야 한다. 장마가 오기 전에, 가을이 닥치기 전에, 결국 겨울을 맞기 전에. 그 마음은 조금은 절박하기까지 한 것이다.

그래서 뭘 봐도 '일'에 관련지어 보게 된다. 일본의 애니메이션 감독 미야자키 하야오와 스튜디오 지브리의 사람들을 담은 다큐멘터리 영화 〈꿈과 광기의 왕국〉을 보면서 가장 인상적이었던 것도(딱히 인상적일 게 없을 정도로 일만 하지만), 일하는 미야자키 하야오였다. 앞치마를 두르고 작은 책상 앞에 앉아 하루 종일 종이를 들추며 연필로 그림을 그리는 애니메이션계의 거장.

일흔이 넘은 나이에도 미야자키 하야오는 매일 아침 11시면 정확하게 스튜디오에 도착해 매일 밤 9시까지 그림을 그린다. 사원들과 함께 라디오에서 흘러나오는 구령에 맞춰 체조를 하고,

아침마다 사내 보육원 아이들에게 손을 흔들어 인사를 한다. 그가 일하는 공간으로 새 총리 후보의 가두연설이 흘러든다. 세상이 어떻게 돌아가든 그는 꼼짝도 않고 앉아 열심히 그림을 그리고, 동료들과 일 이야기를 한다.

미야자키 하야오는 매일 마사지를 하고 샤워를 하고 쓰레기를 줍고 커피를 마시고 밥을 먹는 세 시간이 생활의 기초라고 설명한다. 그 안에서 보이는 것들로 세상을 판단하고, 또 그것들로 열심히 애니메이션을 만들고 있다. 철저한 전쟁 반대론자이면서도 전투기와 조종사를 동경하는 자신의 모순을 영화 안에 고스란히 담는다. 지금 그리고 있는 이야기가 어디로 갈지도 모르는 채 그저 그리고 또 그린다.

지브리가 만든 작품들은 대부분 미야자키 하야오의 머릿속에서 나온 것이다. 일흔의 나이에도 창밖을 내다보면서 이 집 지붕에서 저 집 지붕으로 뛰어다니면 어떨지, 전깃줄을 통해 어디까지 갈 수 있을지, 높은 곳에서 보면 세상이 얼마나 달라 보이는지 감탄하는 영원한 소년의 머릿속에서 말이다.

그러나 또, 미야자키 하야오 혼자서는 이 일을 다 할 수 없었을 것이다. 그에게는 거의 1000명에 이르는 스태프가 있다. 스태프들이 그가 머릿속으로 그린 아름다운 세계를 현실로 만들어낸다. 그들 중에는 영화를 둘러싼 모든 일을 해결해 주는 프로듀서 스즈키 도시오도 있고, 존경하는 라이벌 다카하다 이사오도 있다. 그러니 지브리의 성취는 결국 한 명의 천재가 아니라 함께 일하는 모두의 것이다. 끝나지 않을 듯 기나긴 하루하루를 열심히 일해 온 수많은 사람들이 지브리를 만들고 유지해 온 것이다.

그런 지브리에는 박수를 치며 흥을 돋우는 사람도, 불호령을 내리며 서류를 내던지는 사람도, 책상을 걷어차는 사람도, 오만무례하게 떠드는 사람도 없다. 록 음악도, 파티도, 리무진도 없다. 그저 아침이면 인사를 나누고 체조를 한 후 자리에 앉아 그리고 또 그릴 뿐이다. 가끔 옥상으로 올라가 얌전히 하늘을 관찰하고서는 다시 자리로 돌아와 또 열심히 하늘을 그린다. 마치 시골 학교의 말 잘 듣는 학생들처럼. 천재라든가, 열정이라든가, 영감이나 창의성 같은 단어는 이곳에 어울리지 않아 보인다.

이 다큐멘터리를 보며 나는 성실성에 대해 가장 많이 생각했다. 작업실 한구석에 놓인 나의 작고 보잘것없는 책상에 대해서도 생각했다. 진정한 재능은 머릿속으로 생각한 이상을 현실로 만들기 위해 언제까지고 엉덩이를 붙이고 앉아 있을 수 있는 능력이라는 것에 대해서도 다시 한번 생각했다. 전에는 그렇게 살아야 한다는 것이 억울해 미칠 지경이었는데, 일흔의 나이에도 앞치마를 두르고 앉아서 연필을 놓지 않는 미야자키 하야오를 보니 겸손한 마음이 절로 들었다. 저 거장도 저렇게 열심히 일하는데 내가 뭐라고 이렇게 징징대나. 지브리라는 꿈과 광기의 왕국은 그렇게 매일매일의 성실한 노동을 통해 이룩되고, 또 번영하고 있었다.

"계속 이유 없이 사람들을 소원하게 대하면 나중엔 '안녕'이라고 인사할 사람이 하나도 남지 않을 거예요."

대니 보일의 영화 〈스티브 잡스〉는 초반, 이 대사로 마음을 사로잡았다. 전에 나는 함께 일하던 사람에게 "넌 스티브 잡스가 아니야."라는 말을 들은 적이 있다. 스티브 잡스도 아닌 주제에 그렇게 네 멋대로, 재수 없게 굴지 말라는 뜻일 것이다. 딱히 반박할 말을 찾지 못했다. 일할 때 쓸데없이 예민해져서 남에게 상처 주는 일도 많은 나를 가끔 남편은 "능력 없는 스티브 잡스"라 부르기도 하니까(최악의 별명 아닌가!).

이 영화는 1984년, 1988년, 그리고 1998년에 있었던 애플의 세 번의 프레젠테이션을 그리고 있다. 동그란 안경, 검은 터틀넥 스웨터와 청바지, 하얀 운동화 차림으로 애플의 신제품을 소개하는 스티브 잡스를 누가 잊을 수 있겠는가. 그는 자기계발 강연 전문가 같아 보이기도 했고, 신흥 종교의 구루 같아 보이기도 했고, 과학자 같기도 했고, 화가 같기도 했고, 작가 같기도 했고, 프로그래머 같기도 했고, 마술사 같기도 했고, 록스타 같기도 했다. 사기꾼 같기도 했고, 메시아 같기도 했다. 과연 지구상의 누가 이 오만한 천재를 대체할 수 있을까. 스티브 잡스는 대체 불가능한 남자였다.

프레젠테이션에 앞서 사람들이 계속해서 그를 찾아온다. 옛 여자친구인 크리산과 두 사람 사이에 태어난, 하지만 잡스는 인정하지 않는 딸 리사. 젊은 시절 차고에서 함께 컴퓨터를 만들던 공동 창업자 스티브 워즈니악. 잡스가 펩시에서 스카웃한 애플의 CEO 존 스컬리. 프로그래머 앤디 허츠펠드.

비서인 조안나 호프만 등등. 그들은 잡스를 비난하거나 무언가를 요구하거나 그의 마음을 자극한다. 물론 이것은 허구다. 감독 대니 보일은 잡스를 유명하게 만든 세 번의 굵직한 프레젠테이션에 이 인물들을 끼워 넣어 스티브 잡스라는 한 인간이 숨긴 모순과 혼란을 드러내고 싶었던 것이다.

재능에 대한 오만함, 사업가나 엔지니어가 아니라 예술가나 지휘자라고 자기 자신을 일컫는 허세, 모든 것이 자신이 구상하고 계획한 대로 완벽하게 진행되기를 요구하는 독선과 결벽증, 두 번이나 버림받은 아기였다는 사실에서 오는 약한 자존감, 한때 자신을 내쫓은 존 스컬리에 대한 배신감, 애플 II 팀의 공로를 인정해 달라는 워즈니악의 제의를 단칼에 거절하는 매정함, 딸과 둘이서 어렵게 살고 있으니 도와달라는 크리산을 내치는 잔인함, 딸 리사를 향한 불쾌함과 죄책감, 자신이 정말 개새끼인지도 모른다는 불안감. 이 모든 혼란스러운 감정의 총체가 스티브 잡스다.

만인의 동경의 대상이었지만 결코 사회적이지 못했던 스티브 잡스는 어쩌면 인간에 대한 피로와 배신감을 애플에 투사했는지도 모른다. 누구도 진정으로 사랑할 수 없는 그가 컴퓨터만은, 스마트폰만은 사랑할 수 있었는지도 모른다. 제품은 배신하지 않을 테니까. 제품을 통해 그는 더 유능하고 더 가치 있는 사람이 될 수 있을 테니까. 인류의 발전과 번영에 이바지한다는 것은 그 자체로 정말 근사한 목표일 테니까. 모두가 자신을 우러러볼 테니까.

드러나는 양상도, 그것을 받아들이거나 해결하는 방식도, 일하는 스타일도 다르지만 미야자키 하야오도, 스티브 잡스도 그다지 행복해 보이지는 않는다는 점에서는 같다. 사실 두 사람 모두 행복해지기 위해서 일을 하는 것 같지는 않다.

행복하다고 느껴본 적이 없고 행복해지는 것이 삶의 목적이 아니라는, 영화를 만드는 건 불행한 일일 뿐이라는 70대의 미야자키 하야오는 담배를 태우며 어렵다고 한숨을 내쉰다. 그런데 나는 일의 본질이란 건 결국 그것이 아닐까 생각한다. 먹고사는 문제를 벗어나면 그다음은 꿈의 문제다. 단순히 유명해지고 싶고 돈을 많이 벌고 싶은 게 아닌 것이다.

창밖을 내다보며 저 멀리까지 날아가 보고 싶다고 말하는 미야자키 하야오의 마음은 인간의 삶은 물론 세상까지 바꾸고자 하는 스티브 잡스의 마음과 같다. 그들은 실현 불가능해 보이는 꿈을 꾼다. 그 꿈을 이루는 것은 너무나 어렵다. 하지만 어려운 것을 이해하고 납득하려 노력하는 과정이 무언가를 만든다는 일이 아닐까.

목표로 삼은 봉우리에 오르면 더 높은 봉우리가 보이는 법이다. 문이 열리고 나면 다른 문이 기다리고 있다. 그런데 어떻게 해야 그 문을 열 수 있는지 모르겠다. 그 문이 맞는 문인지도 사실 모르겠다. 그 문은 열긴 열어야 하는지, 이대로 주저앉아 그냥저냥 만족하며 살아야 하는지도 잘 모르겠다. 이 일들이 나를 어디로 데려갈지도 잘 모르겠다.

영광의 뒤편에는 매일같이 이어지는 밋밋하고 혹독한 일상이 숨어 있다. 그것을 알면서도, 얼마나 오래 기다려야 하는지 막막한 기분이 든다. 과연 나는 제대로 나아가고 있는 걸까. 나는 뭔가를 만들어낼 수 있을까. 동굴 속에서 마늘과 쑥만 먹으며 버틴 곰처럼, 이걸 버티면 나도 사람이 될 수 있을까. 내가 바라던 바로 그런 사람이 될 수 있을까. 하루에도 수십 번씩 흔들리고 또 흔들린다.

그럼에도 꿈을 잃지 않고, 우직하게 하루하루 나아가는 것. 행복이나 불행 따위에 너무 목매지 말고. 아무리 유명해져도, 라이벌이 없을 정도의 거장이나 대가의 자리에 오른다고 해도 열심히 일하는 것 말고는 도리가 없다는 것. 오직 그것 뿐이라는 것. 이 두 편의 영화는 내게 그런 이야기를 들려준다. 그렇지. 그런 거였지.

자, 이제 책상 앞에 앉을 시간이다.

〈꿈과 광기의 왕국〉(2013) | 스나다 마미
〈스티브 잡스〉(2015) | 대니 보일

3

어른을 위한 용기

죽음을 향해 한 걸음

나도 이제는 그럴 나이가 되었는지 주변에 하나둘 병에 걸린 사람들이 생기기 시작했다. 열심히 회사를 다니다가 어느 날 갑자기 고개조차 돌릴 수 없을 정도로 몸이 굳어버려 꼬박 두 달을 입원해야 했다는 사람, 자꾸 살이 빠지고 피곤해서 검사를 받았더니 직장인지 대장인지에 생긴 암이 간까지 퍼졌다는 사람, 아픈 데 하나 없이 명랑하고 활기찼는 데 정기검진에서 꽤 진행된 유방암이 발견된 사람. 그들은 모두 이제 고작 마흔 전후의 젊디젊은 사람들이다. 아직 해야 할 일과 챙겨야 할 가족이 있는 사람들이고, 아직 아파서는, 죽어서는 안 되는 사람들이기도 하다. 물론 아파도, 죽어도 되는 사람은 없지만.

그들을 생각할 때마다 심란해진다. 나에게도 그들과 같은 일이 일어나지 않으리라는 보장이 없지 않은가. 그래서 나는 건강염려증이 의심되는 수준으로 젊은 나이부터 거의 매년 건강검진을 받아왔다. 그래봤자 유방암이나 자궁암, 갑상선암, 위암 정도지만, 별 이상이 없다는 결과가 나오면 최소한 1년 정도는 마음 편히 살 수 있으니까.

하지만 생각해 보면 세상에 저 네 가지 암만 있는 게 아니다. 게다가 암이 아니라 다른 병에 걸릴 수도 있는 거 아닌가. 아무리 조심한다고 해도 모든 걸 막을 수는 없다. 그렇다고 병에 걸릴까 전전긍긍하며 살얼음판 위를 걷듯 사는 것도 한심한 짓이다. 아, 이러다가 진짜로 병에 걸렸다고 하면 차라리 안심할지도 모르겠다. '그럴 줄 알았다니까. 그러게 내가 뭐랬어.'

암으로 죽은 일본의 동화작가 사노 요코는 암 투병기가 너무 싫다고 했다. 암과 장렬하게 싸우는 사람도 싫다고 했다. 암보다 훨씬 고통스러운 병도 얼마든지 있다. 암으로 죽는 것 정도는 더 심한 병들에 비하면 차라리 축복에 가까우니 엄살 부리지 말라는 거다.

내가 읽은 두 권의 만화책은 젊은 나이에 암에 걸려 시한부 선고를 받은 사람들의 이야기다. 하지만 이 이야기들이 (사노 요코 씨가 싫어하는) 투병기와 다른 점은, 암과의 싸움이 주제가 아니라는 것이다. 이 사람들은 어느 날 갑자기 암환자가 되어버린 잔인한 현실에서 달아나려 하지 않는다. 창문 너머 삶이 계속되는 가운데 홀로 죽음을 향해 걸어가는 억울하고 부당한 상황을 부정하거나, 미화하거나, 비극적으로 포장하려 하지도 않는다. 대신 이들은 암이라는 벽에 가로막힌 평범한 사람의 인생을 솔직하고 담담하게 기록한다. 그래서 이들의 이야기는 언젠가는 우리 모두에게 일어날 죽음이라는 숙명

적 사건을 어떻게 받아들여야 할지 깊이 생각하게 만든다.

《암이란다 이런 젠장》을 그린(제목부터 투병기와는 거리가 있다) 미국의 카투니스트 미리엄 엥겔버그는 마흔세 살의 나이에 유방암에 걸렸다는 사실을 알게 된다. 아들이 고작 네 살 때의 일이다. 곧 그는 평범한 아이 엄마에서 하루아침에 암 환자가 된 인생을 카툰으로 그리기 시작했다.

암과 나의 관계가 처음 시작되었을 때만 해도 나는 그것을 일시적인 어떤 것이라고 생각했다. 그것이 내 인생의 상수(常數)가 되리라고는 생각하지 않았다. 나는 늘 인생의 의미가 무엇이냐고 묻는 습관이 있었다. 어렸을 때는 지적 성취가 내 존재의 이유라고 생각했다. 나중에 학문의 길이 내 길이 아님을 알고서는 인생을 좀 더 즐기자는 쪽으로 나아갔다. 내가 좋아하는 비학술적 직장에 취직하고, 친구와 가족들과 자주 어울리고, 음악을 연주하고 듣고… 그러나 암 진단을 받고 항암 치료를 하게 되면서 좋은 시간을 보내자는 관점에서 인생을 바라보기가 어렵게 되었다.

－ 미리엄 엥겔버그, 《암이란다 이런 젠장》 중에서

암에 걸렸다는 사실을 알리자 주변 사람들은 하나같이 이렇게 묻는다. "집안 내력인가요?" 그는 그 질문 뒤에 숨은 동기를 안다. 자기는 안전하다는 사실을 확인하고 싶은 것이다. 그 역시 예전에는 그랬기 때문이다. 이제 그에게 세상은 두 그룹으로 나뉘어 보인다. 암에 걸린 사람과 암에 걸리지 않은 사람. 그리고 자신이 암에 걸린 불운한 그룹에 들었다는 사실은 어릴 적부터 그가 품고 있던 믿음, 바로 '세상은 나만 미워해.'를 떠올리게 만든다.

암이 인생에 경종을 울리는 사건이라는 친구의 말에는 앞으로 어떻게 살아야 할지, 하고 싶어 했던(그러나 하지 않았던) 일이 무엇인지 떠올려 보려 하지만 아무것도 생각나지 않는다. 암에 걸리지 않았더라면 예전에 그랬던 것처럼 인생을 다시 즐길 수 있었을 거라는 생각도 해본다. 하지만 그때라고 인생을 즐기며 살았던 것도 아니다. 아이와 함께 손을 잡고 공원을 걸으면서도 머릿속으로는 테러리스트의 침략이라든지, 팔뚝에 생긴 이상한 점의 정체 같은 쓸데없는 고민을 하며 좋은 날들을 허비했던 것이다. 뭔가 의미 있고 대단한 일을 하며 남은 생을 보내야 할 것 같아 마음이 조급해지기도 하지만, 이내 그는 깨닫는다. 인생은 어차피 시간 때우기로 점철되어 있다는 사실을.

미리엄 엥겔버그는 암 검사에서 양성 판정을 받은 여자를 부러워하고, 놀이터에서 아이와 놀고 있는 부부를 부러워하고, 회사 건물 앞에서 장난치고 있는 투자금융사 직원들을 부러워하고, 목숨을 걸고 에베레스트를 등반하는 사람들을 부러워하고, 은퇴한 노인들을 부러워한다. 전에는 조금도 부러워하지 않았던 사람들이다. 하지만 지금은 부러워하지 않을 수가 없다. 그들은 모두 살아 있기 때문에. 내일도 살아 있을 것이며 어쩌면 내년에도, 그 후에도 오래 살아 있을 것이기 때문에. 하지만 자신은 그럴 수 없을 것이기 때문에.

대학 다닐 때 어느 기말 고사 주간에 나는 아주 무거운 마음
으로 마지막 시험장을 향해 걸어가고 있었다. 나는 기말 고
사 때문에 스트레스를 받았을 뿐만 아니라 멀리 떨어진 곳
에 사는 남자친구의 애매한 태도에 대해서도 걱정을 했다.
두 시간 뒤 나는 시험장이 있는 건물에서 빠져나왔다. 내
가 기숙사로 돌아가는데 어두운 밤이 되었다. 나는 중간
쯤에 멈춰 서서 밤하늘의 별들을 올려다보았다. 갑자기 내
가 근심 걱정하는 사항들이 다 시시하게 보였다. 지금 그때
의 그 느낌을 다시 느낄 수만 있다면….

    - 미리엄 엥겔버그, 《암이란다 이런 젠장》 중에서

몇 년 전 교토의 한 골목을 산책하다가 동네 한복판에 있는 공
동묘지를 본 적이 있다. 공동묘지와 담 하나를 사이에 둔 건물
은 어린이집이었다. 삶과 죽음이 함께하는 풍경이란 이런 것
이겠구나, 하는 생각이 들었다.

우리는 삶에서 죽음을 몰아내려 한다. 남들은 다 죽어도 나
는 죽지 않을 것처럼 산다. 죽음에 대해 생각하는 것이 마
치 삶에 죄를 짓기라도 하는 것처럼. 죽음은 혐오시설이 된 화
장장이나 묘지처럼 삶에서 멀찍이 밀려나 있다.

그러나 옛날 서양의 화가들은 그림 속에 해골이나 시계, 또
는 사신을 그려 넣어 우리의 삶이 유한하다는 것을, 죽음은 언
제나 우리 곁을 맴돌고 있다는 것을 기억하게 하려 했다. 학
자 김영민이 쓴 책의 제목은 무려 '아침에는 죽음을 생각하
는 것이 좋다'다. 삶에 죽음이 필요한 이유는 무엇일까? 죽음

에 대해 생각해야 하는 이유는 무엇일까? 죽음을 눈앞에 둔 사람들의 말을 귀 기울여 들어야만 하는 이유는 무엇일까?

김보통의 만화 《아만자》의 주인공은 암에 걸린 스물여섯 살 청년이다. 어느 날 허리가 아파 병원에 갔더니 의사는 위암이 척추까지 전이되었다는 진단을 내린다. 슬프고 놀라운 것이 아니라 어이가 없는 일이다. 그렇지 않은가. 고작 스물여섯 살이다. 이제 겨우 대학을 졸업하고 군대에 다녀오고 자신만의 인생을 시작할 나이인데, 시작하기도 전에 그의 인생은 빈틈없이 단단한 벽에 가로막혀 버린 것이다.

저녁 식탁 앞에서 청년은 가족들에게 말한다. 나는 암에 걸렸고 말기이고 수술도 할 수 없고 앞으로 살날이 얼마 남지 않았다고. 엄마는 그게 무슨 말이냐며 되묻고 아빠는 화를 내고 동생은 어리둥절해한다. 그는 말한다. 그렇게 됐으니까 그냥 밥 먹자고. 언제 이렇게 같이 밥 먹어보겠냐고. 그날 이 가족은 울면서 꾸역꾸역 저녁을 먹는다.

무궁화호를 타고 천천히 여행을 하고 있었는데, 검표원이 다가오더니 손님. 이제부터 초고속으로 달릴 겁니다. 라는 말을 들은 기분이에요. 어차피 죽는 거야 다 똑같겠지만, 너무 빠르니까 창밖으로 보이는 것도 없고, 원래는 칙칙폭폭 칙칙폭폭이었는데, 지금은 칙폭칙폭칙폭!

― 김보통, 《아만자》 중에서

웹툰의 제목 '아만자'는 '암환자'를 발음 그대로 쓴 것이다. 이 만화에는 젊디젊은 나이에 암 말기 판정을 받고 지독한 통증, 그리고 죽음에의 두려움에 고통받는 한 청년의 하루하루가 지켜보기 힘들 정도로 사실적으로 그려진다. 항암치료의 괴로움, 병원비의 압박, 가족도 아니고 결혼할 사이도 아니던 여자친구와의 관계 같은 것들.

동시에 통증으로 정신을 잃을 때마다 청년은 숲과 사막이 있는 이상한 세계로 떨어진다. 그 세계에는 엉뚱하고 귀여운 괴물들이 살고 있다. 괴물들은 몸 이곳저곳이 부서지고 있는 청년에게 사막의 왕을 무찔러야 한다고 말한다. 사막의 왕이 괴물들이 사는 숲을 사막으로 만들고 있기 때문이다.

그런데 사막의 왕을 무찌르기 위해서는 이 세계로 떨어지면서 잃어버린 그의 마음을 되찾고, 그의 이름도 알아내야만 한다. 왜냐하면 그는 이 세계에서 이름도, 병에 걸린 사실도, 이곳에 온 이유도, 자신이 누구인지도 모르기 때문이다.

아마, 이대로 병상에 누운 채 삶이 끝날 것이다. 여행을 가거나, 영화를 보거나, 데이트 같은 것은 다시 못할 것이다. 대부분의 것들이 이미 마지막이 될 줄 몰랐다. 그저, 삶이 계속 될 것이라 믿었다. 나는, 영국에 가보고 싶었다. 맛없다는 피쉬 앤 칩스를 직접 먹어보고 싶었다. 취직도 하고 싶었고, 번쩍이는 뱃지를 달고 졸업식장에 가고 싶었고, 지옥철 출근도, 지겨운 야근도, 결혼도, 출산도, 육아도 해보고 싶었다. 내 아이의 자라는 모습을 보며 웃고 울고 싶었다. 그렇게 평범하게 살고 싶었다. 조금 시시하고, 조금 지루해도. 살고 싶었다. 살아갈 것이라 믿었다. 지루하고, 지겹고, 시시하고, 고되기만 해서 헛살았다는 느낌만 가득한 삶이 기다릴지라도 살고 싶다.

- 김보통, 《아만자》 중에서

현실에서는 암의 고통과, 환상에서는 사막의 왕과 싸우면서 청년이 그토록 되찾고 싶어 하는 것은 대단한 것이 아니다. 시시해 빠진 보통 인생이다. 너무 지겹고 힘들어서 가끔은 그냥 반납해 버리고 싶은 인생이다.

그러나 기적은 일어나지 않는다. 청년은 죽음을 향해 달려가는 몸 안에 갇힌 채 고통으로 몸부림친다. 그 고통은 육체의 고통이며 또한 마음의 고통이다. 너무 빨리 찾아온 죽음을 받아들일 수 없는 한 인간의 몸부림이다. 공포와 분노 속에서 홀로 울부짖던 그는 결국 숲을 황폐하게 만든 사막의 왕이 바로 자기 자신이라는 것을 깨닫는다. 그러면서 세상을 떠나기 전 마지막으로 해야 하는 일, 할 수 있는 일이 무엇인지도 알게 된다.

마지막 순간, 잠시 눈을 뜬 그는 자신의 죽음을 배웅하러 모인 사람들에게 마음으로 말한다.

바라는 게 있다면, 부디, 부디 모두가 깊은 슬픔에 빠져 있지 않길. 나를 잊지 말아주길. 그리고, 언제나 행복하게 살아가길. 내 이름은 박동명. 동녘 동(東)자에 밝은 명(明)자를 쓰며 올해로 스물일곱이었습니다.

- 김보통,《아만자》중에서

청년이 끝내 자신의 이름을 되찾은 것은 죽음을 향한 분노와 절망, 무력과 공포에서 자유로워졌다는 뜻일 것이다. 그래서 그는 죽음에 속수무책으로 쫓겨 다니던 암환자가 아니라, 동녘 동자에 밝은 명자를 쓰며 올해로 스물일곱인 한 청년이 사라졌다는 사실을, 나를 잊지 말아 달라는 사실을 모두에게 알릴 수 있었다.

큰 병과 눈앞에 닥친 죽음이라는 청천벽력과도 같은 사건은 우리에게 무엇이 중요하고 무엇이 중요하지 않은지, 그리고 무엇이 진짜이고 무엇이 가짜인지를 걸러내 주는 필터 역할을 한다. 이 이야기들은 그런 것들로 가득하다. 죽음 앞에 선 사람만이 보고 듣고 느낄 수 있는 것들이. 정말로 소중한 것들이. 진실한 것들이.

나는 좋은 이야기에는 그것이 웃기는 이야기든, 심각한 이야기든, 시니컬한 이야기든, 감상적인 이야기든 공통점이 있다고 생각해 왔다. 그것은 바로 인생은 어떤 것이고, 인간은 어떤 존재인지에 대한 나름의 고민이 담겨 있다는 것이다. 물론 그 이야기 속에 인생은 이런 것이야, 인간은 이런 존재야,라는 확실한 답은 없을 것이다. 하지만 주인공이나 작가가 그 답에 가까이 다가가기 위해 전력을 다해 부딪치는 과정이 있다면, 나는 그 이야기를 신뢰할 수 있다.

만약 내가 다시 한 번 살 수 있다면, 온 세상을 떠돌아다니며 노래를 불렀을 거야. 그래서 사람들을 만나고, 그림을 그리고, 글을 썼을 거야. 그리고 더 많은 사람을 만나고! 더 많은 사람을 사랑하고! 더 많은 사람을 용서했을 거야! 더 많은 기쁨과 슬픔을! 더 더 많은 환희와 절망과! 그보다 더 많은 두려움과 두근거림을 느끼며 살았을 거야! 그래서 정말 살았을 거야. 단 한순간도 망설이지 않고 그저 살았을 거야. 물론 숱하게 상처받고, 많은 시간을 후회하겠지. 때로는 삶 자체가 흔들릴 정도로 괴로운 순간도 있을 거야. 하지만, 망설이는 걸로 삶을 낭비하지는 않았을 거야. 그게 살아 있다는 거니까. 산다는 거니까.

— 김보통, 《아만자》 중에서

매일 나는 나의 죽음에 대해 생각한다. 죽음에 대한 공포에 사로잡히는 것이 아니라, 죽음에 임박한 내가 되어, 죽은 후의 내가 되어 지금의 내 삶을 바라보려 노력한다. 이 삶을 벗어난 나의 시점에 서보려 노력한다. 그러면 모든 것이 다르게 보인다. 중요한 것과 중요하지 않은 것들이 명확해진다. 아름다운 것들이 더 아름다워 보인다. 고마운 것들이 더 고맙고, 소중한 것들이 더 소중해 보인다. 나머지의 것들, 중요하지 않은 것들에 대해서는 크게 생각하지 않게 된다.

이 모든 것이 결국 사라질 것이라는 사실을 잊지 않아야겠다. 죽은 자들이 남긴 말들을 기억하기 위해 노력해야겠다. 내 삶의 모든 순간을 아끼고 소중히 여겨야겠다. 내게 주어진 한 번

뿐인 삶을 만끽해야겠다. 그러면서 조용히 내 죽음의 자리를 향해 걸어가야겠다. 죽는 날까지 살아야겠다. 그게 살아 있다는 거니까. 산다는 거니까.

《암이란다 이런 젠장》| 미리엄 엥겔버그 | 고려원북스
《아만자》| 김보통 | 위즈덤하우스

이 아름다운 모순

시인 황인숙이 쓴 《인숙만필》은 손가락이 곱을 정도로 추운 날에 주머니 속에 감춰두었다가 내민 따뜻한 손 같은 책이다. 《인숙만필》이라니, 제목부터 촌스럽고 귀엽지 않은가. 책의 뒤표지에는 '기품, 그래, 기품. 황인숙은 기품 있는 여자다'로 시작하는 작가 고종석의 발문이 있다.

기품? 기품이 있다는 건 뭘까? 어떤 사람이 기품 있어 보이는 이유는 기품 있는 외모 때문일까? 아니면 말투와 행동 때문일까? 아니면 옷과 가방과 돈 때문일까? 왜 어떤 사람은 명품으로 온몸을 휘감아도 딱히 기품 있어 보이지 않을까? 그렇다면 1958년생의 가난한 독신 여성인 이 시인은 대체 무엇 때문에 기품 있다는 걸까?

기품이라는 말을 생각할 때, 내가 제일 먼저 떠올리는 사람이 황인숙이다. 그는 누구 앞에서도 움츠러드는 법이 없고, 누구 앞에서도 젠체하는 법이 없다. 움츠러들지 않는 것만이 아니라 젠체하지 않는 것도 내면의 간결한 자기 긍정 없이는 힘들다.

- 고종석, 《인숙만필》의 발문 중에서

왜 그런 사람이 있지 않은가. 머리는 부스스하고 차림새는 변
변치 않다. 말투도 어눌하고 도무지 자신을 돋보이게 하는 행
동이라고는 하지 않는다. 그럼에도 매력적인 사람. 자꾸만 보
고 싶은 사람. 그 사람이 그 자리에 있다는 것만으로도 안심
이 되는 그런 사람.

시인 황인숙을 만난 적은 없지만 《인숙만필》을 읽다 보면 그
가 꼭 그런 사람일 거라 상상하게 된다. 그의 문장은 단출하
고, 군더더기나 꾸밈이라고는 없다. 자신이 멋지게 보이는지,
예뻐 보이는지, 매력 있어 보이는지, 별 관심이 없어 보인다.
그래도 명색이 시인인데, 이렇게 투박하게 쓸 수가 있을까 싶
다. 그런데 그 투박한 문장들이 모이고 모여, 연필로 꾹꾹 눌
러쓴 편지처럼 따뜻하고도 독특한 질감을 낳는다.

나는 한 번도 예뻐 본 적이 없다. 따라서 예쁘다는 말을 들
어본 적도 없다. 내 평생 '예쁨'에 관한 언급을 딱 두 번 받았
는데 그 횟수가 희소한 만큼 생생히 기억한다. 한 번은 중학
교 2학년 때였다. 가장 친했던 친구였는데 그 애야말로 정
말 가슴이 뭉클할 정도로 예뻤다. 향기가 날 듯 뽀앴다. 스
물다섯 살 난 여선생님이 선망에 찬 목소리로 "승혜는 나날
이 피어나는구나!" 탄식하는 게 귀에 선하다. 그 애의 엄마
는 초등학교 교사였다. 어느 날 그 애가 쉬는 시간에 달려

와 무슨 큰 선물이라도 감춘 듯한 환한 얼굴로 할 말이 있다
며 내 손을 끌고 갔다. 그 애는 큰 비밀이나 되는 듯 내게 속
삭였다.

"너, 크면 미인이 될 거 같애. 어제 우리 엄마 학부형이 왔었
는데 굉장히 미인이다! 근데 너랑 비슷하게 생겼어."

나는 조금 기쁘고 조금 수모를 당한 기분이었다. 또 한 번
은 이제도저제도 미인이 되지 못한 채 서른다섯 살이 된 다
음이었다. 한 출판사의 술자리에서 누군가 지나가는 말로
어렸을 때 예뻤을 것 같다고 한, 그 한마디를 가슴에 담아두
고 있다. 어렸을 때는 미래를 몰랐지만 난 이제 과거를 알
고 있다.

- 황인숙 《인숙만필》 중에서

이 수필집에서 내가 가장 좋아하는 글은 〈내 동생〉이라는 글
이다. 작가는 두 아이의 아버지이며 한 여자의 남편인 자신
의 남동생 이야기를 들려준다.

최근 들어 경제적으로 곤란해진 남동생에게 누이는 너무 아등
바등하지 말라며, 인생은 짧다고 위로한다. 그러자 동생은 한
국인 남자의 평균 수명을 들먹이며 앞으로 40년은 더 살 만
큼 벌어야 하기에 인생은 짧지 않다고 대꾸한다.

선망하던 학과에 가지 못하고 혼자 힘으로 삶을 개척해야 했
던 동생. 그는 그런 동생을 안타까워하며 '회사원이란 나 같
은 자유직 사람과는 달리 인생에 보너스가 없는 존재인데, 보
너스 없는 인생은 마음에 여유를 갖기 힘들 것이다. 내 동생

의 인생에도 좀 보너스가 있었으면 좋겠다'고 마음을 쓴다. 이 이야기에 랭스턴 휴즈의 시 〈할렘〉을 덧붙인 작가는(꼭 읽어보시길!) 어린 시절의 기억으로 글을 마무리한다.

아마 겨울방학이었을 것이다. 내 동생은 초등학교 3학년이었을 것이다. 어느 날 초인종 소리를 듣고 나가니 내 동생이었다. 대문을 열어주었는데 들어오지 않고 나한테 나오라고 손짓을 했다. 그 애는 간신히 울음을 참으며 장갑 한 짝을 잃어버렸다고 말했다. 나는 많이 놀랐다. 온 식구한테 귀여움을 받고 있는 내 동생이 장갑 한 짝을 잃었다고 그토록 걱정에 찬 얼굴을 하고 있었기 때문이다. 동생과 나는 눈이 온 길을 뚫어져라 살피며 걷고 걸었다. 결국 장갑을 발견하지 못하고 내 동생은 찔끔 눈물을 흘렸다. 나는 면목 없고 무거운 마음으로 터덜터덜 돌아왔다. 그때 눈 속에서 보란 듯이 장갑을 찾아내 주었다면 내 동생은 얼마나 환하게 웃었을까? 이 누님을 얼마나 미덥게 생각했을까?
- 황인숙 《인숙만필》 중에서

이 책을 사랑할 수밖에 없는 이유는 이런 것이다. 읽고 나면 내가 뭔가 대단한 것을 발견한 것 같은데, 그게 남들에게는 하찮게 보일 것 같다. 바로 그런 이유로 세상에는 발에 챌 정도로 감동적인 것들이 많다는 생각이 들고, 바로 그래서 세상은 진정 (이게 정말 중요하다) 살만한 곳처럼 느껴지는 것이다. 세상이 아무리 미친 듯이 돌아가도, 이 사람만큼은 늦잠을 자고 일어나 동네를 한 바퀴 돌면서 고양이들의 밥을 주고 냉장고를 열어 블루베리 요거트를 푹푹 떠먹으며 빈둥댈 것 같다. 가끔 친구들을 만나 수다를 떨기도 하고 밤에는 늦게까지 열 달 쌓인 사채 이자를 갚는 기분으로 일을 하겠지. 다음 날이 되면 또 늦잠을 자고 일어나 게으름을 피울 것이다. 그런 것들을 생각하면 마음속 깊이 안심이 된다. 시인 이근화가 쓴 것처럼 '테이블처럼 즐겁고 반듯해지는 기분'이다. 마치 지구가 살짝 기울어진 상태를 유지하도록 이 기품 있는 시인이 불철주야 떠받치고 있는 것처럼 말이다.

엘리자베스 스트라우트의 소설 《올리브 키터리지》는 바다 근처의 작은 도시에 사는 이웃들의 이야기다. 여름철의 관광객들이 차에 앉아 그들이 살아가는 모습을 스쳐 지나간다면, 그들은 그저 평범한 촌사람들에 불과할지 모른다. 그러나 이 세상에 관광 사진의 배경으로 존재하는 사람들은 없다. 그들은 모두 자신만의 고통을 안은 채 이 끝없는 삶을 겨우 견뎌내며 살아가고 있다.

때때로, 지금 같은 때, 올리브는 세상 모든 이가 자신이 필요로 하는 걸 얻기 위해 얼마나 분투하는지를 느낄 수 있었다. 대부분의 사람에게 필요한 그것은 점점 더 무서워지는 삶의 바다에서 나는 안전하다는 느낌이었다. 사람들은 사랑이 그 일을 할 수 있으리라 생각했고, 어쩌면 그 말은 사실이었다. 하지만 담배 피우는 앤을 바라보며 생각하

건대, 그런 안정감을 갖는 데 아버지가 각기 다른 세 아이
가 필요했다면 사랑으로는 불충분했던 게 아닐까?
- 엘리자베스 스트라우트,《올리브 키터리지》중에서

이 도시의 사람들은 오랜 결혼생활을 하면서도 다른 사람
을 사랑하고, 배우자를 버릴 수 없지만 간절히 원하는 사람
을 지켜주지 못해 가슴 아파한다. 과거의 상처에서 벗어나
지 못해 스스로 삶을 끝내고 싶어 하고, 잘못된 선택을 했다
는 것을 알면서도 그 선택의 결과에서 벗어나지 못해 괴로워
한다. 젊었던 이들은 나이 들어 병들거나 죽어가고, 아이들
은 자라서 부모를 등진다. 모든 이들의 집에는 그들만의 지옥
이 있다.
학교 선생인 주인공 올리브 키터리지는 그 이야기마다 스치듯
등장한다. 남자처럼 체구가 크고 무뚝뚝한 올리브는 쉽게 말
해 비호감이다. 직설적이고 툴툴대는 성격에 시니컬하기 짝
이 없는 여자. 올리브는 통통 튀는 럭비공처럼 동네를 돌아다
니며 자칫 나른해질 수 있는 이야기들을 생기 넘치게 만든다.

데이지 포스터네 조그만 다이닝룸에 앉아 차나 홀짝이고 있
자니 낯간지러웠다. "애도 그룹인지 뭔지 하는 멍청한 델 갔
었어." 올리브가 데이지에게 말했다. "근데 거기서 그러더
군. 화가 나는 게 정상이래. 하, 사람들이 멍청하긴. 왜 화
가 나야 하는데? 이런 일이 일어나리란 거 모두가 다 알고 있
는데. 잠자다가 그냥 골로 가는 거, 별로 흔치 않은 행운이

야."

"사람마다 대응하는 방법이 다르겠지요." 데이지가 예의 그 상냥한 목소리로 말했다. 얘는 상냥한 목소리밖에 가진 게 없어. 올리브는 생각했다. 데이지는 그런 사람이었다. 상냥한 사람. 제길, 전부 엿 먹으라고 해.

　　　- 엘리자베스 스트라우트, 《올리브 키터리지》 중에서

　사람들은 모두 올리브 키터리지를 알고, 올리브도 그들을 안다. 심술궂고 비관적이지만 의아할 정도로 곧은 부분이 있는 올리브가 있어서, 이 평범하고 불행한 이야기들은 감정에 치우치지 않고 신파로 빠지지도 않으며 단단하게 중심을 잡는다. 올리브 키터리지는 사람들이 숨기고 싶어 하는 것들을, 케이크의 장식 같은 것들로 대충 덮어 숨기려 하는 것들을 예리한 눈길로 꿰뚫어 본다. 그리고 때로는, 드문 일이지만, 그들에게 힘이 되어주기도 한다.

　"나도 이렇게 살고 싶지 않아요." 니나가 속삭였다.
　"물론 아니겠지." 올리브의 말이었다. "우리가 도와줄 사람을 찾아줄게."
　니나가 도리질을 했다. "다 해봤어요. 그래도 자꾸 재발해요. 가망이 없어요."
　제 넓은 무릎에 니나가 머리를 누일 수 있도록 올리브가 팔을 뻗어 의자를 당겨 앉았다. 올리브는 니나의 머리카락을 쓰다듬다가, 손가락에 몇 가닥을 쥐고 데이지와 하면에게 의미심장하게 고개를 한 번 끄덕인 다음, 머리카락을 바닥에 떨어버렸다. 올리브가 울음을 그치고 말했다. "자네, 윈스턴 처칠이 누군지 알기엔 너무 어린가?"

"누군지 알아요." 니나가 몹시 피로한 듯 대답했다.

"음, 그 사람이 말했어. 절대, 절대, 절대로 포기하지 말라고."

— 엘리자베스 스트라우트, 《올리브 키터리지》 중에서

나는 인생에 무슨 거창한 의미가 있다고 생각하지는 않는다. 매 순간 의미를 발굴하면서 살아야 한다면 그것도 참 피곤한 일일 것이다. 100년도 되지 않는 이 짧은 삶은 사실 아무것도 아닌 것이다. 우리는 헛발질을 계속하면서 하루하루를 낭비하다가 결국 죽어버릴 운명이다. 죽을 때까지 사는 법을 배워나가다가 결국 자신만의 결론을 내릴 무렵 세상을 떠나게 될 것이다. 때로는 결론도 없이 죽어버릴지도 모른다.

그럼에도 살아 있다는 것은, 매일을 살아서 숨 쉴 수 있다는 것은 경이로운 일이다. 사람은 누구나 상실과 죽음이라는 피할 수 없는 운명을 발아래 둔 채 하루하루의 생활을 담담히, 그리고 열심히 살아나간다. 그래서 삶은 아름답다. 누구의 삶이건, 어떤 삶이건, 삶은 정말로 아름답다. 눈물이 날 정도로 아름답다.

이 두 권의 책은 그러한 삶의 아름다운 모순들로 가득하다. 밝은 것들과 어두운 것들과 선한 것들과 나쁜 것들, 좋은 것들과 불쾌한 것들과 그리운 것들과 고개를 돌리고 싶은 것들과 재미있는 것들과 슬픈 것들이 단순하고 깊이 있는 이야기 속에 사이 좋게 어우러져 있다.

그녀는 외로움이 사람을 죽일 수 있다는 걸, 여러 가지 방식으로 사람을 죽게 만들 수 있다는 걸 알았다. 올리브는 생이 그녀가 '큰 기쁨'과 '작은 기쁨'이라고 생각하는 것들에 달려 있다고 생각한다. 큰 기쁨은 결혼이나 아이처럼 인생이라는 바다에서 삶을 지탱하게 해주는 일이지만 여기에는 위험하고 눈에 보이지 않는 해류가 있다. 바로 그 때문에 작은 기쁨도 필요한 것이다. 브래들리스의 친절한 점원이나, 내 커피 취향을 알고 있는 던킨 도너츠의 여종업원처럼. 정말 어려운 게 삶이다.

- 엘리자베스 스트라우트, 《올리브 키터리지》 중에서

한숨 자고 일어나니 한밤이었다. 다들 잠이 들어 있었다. 나는 복도로 나갔다. 현창 밖으로 깊고 깊은 바다가 출렁거렸다. 나는 현창에 이마를 대고 바다를 들여다보았다. 나는 바다를 보고, 보고, 또 보았다. 문득, 내가 죽으면 이 바다에 수장되고 싶다는 생각이 들었다. 커다랗고 차갑고 끝없는 출렁거림이 내 주검을 깨끗이 씻어줄 것이다. 나는 내 주검이 한없는 맑음으로 번쩍 눈을 뜨는 게 느껴졌다. 내 주검이 바다처럼 투명해져서 바다가 되어 출렁이는 게 느껴졌다. 나는 현창에 바짝 달라붙어 바다를 들여다보고 들여다보았다. 한숨 더 자고 깨어나니 제주였다.

그런데 그로부터 두 달쯤 후, 오후 2시쯤이었다. 집을 나서자 이루 말할 수 없이 감미로운 햇살이 걷는 내내 나를 감쌌다. 거의 눈이 감길 지경이었다. 나는 문득, 바다 속은 춥고 너무 쓸쓸하다는 생각이 들었다.

- 황인숙《인숙만필》중에서

《인숙만필》같은 책은 추운 겨울, 매일 밤 잠들기 전 야금야금 읽어야 제 맛이다. 침대든, 소파든 자리를 잡고 앉아서 간접조명을 밝힌다. 무릎에 담요를 덮은 뒤에 따뜻한 차나 코코아를 홀짝거리면서 하루에 한두 편씩 읽는다. 매일 체온이 1도는 올라간 것 같은 기분으로 잠들 수 있다.

그런 것이, 그런 일이 중요하다. 따뜻하고, 바보 같은 일이.

끓인 물을 큼지막한 사발에 붓는다. 잠시 식힌 후 김이 모락모락 나는 물에 분유를 넣고 젓는다. 평화롭고 달콤한 냄새가 김을 타고 올라온다. 사발 가장자리에 잘 풀어져 녹은 분유의 순한 거품이 자디잔 레이스처럼 둘러쳐진다. 뜨거운 물에 탄 분유는 데운 우유와 또 다른 맛이다. 우윳빛 맛, 유순하고 무구한 맛, 따뜻하고 바보 같은 맛이다.

- 황인숙,《인숙만필》중에서

《인숙만필》 | 황인숙 | 마음산책
《올리브 키터리지》 | 엘리자베스 스트라우트 | 문학동네

나는 두려움을 마신다

소개팅으로 만난 그 남자와 세 번째 데이트를 하던 날 극장에서 알렉산더 페인의 〈사이드웨이〉라는 영화를 봤다. 영화는 재미있었지만 나는 이 남자를 어떻게 떼어놓을지만 궁리하고 있었다. 처음부터 그가 마음에 들지 않았다. 내 스타일이 아니었기 때문이다. 그러나 나에게는 이미 실패의 역사가 몇 번 있었다. 내 스타일인 남자들, 내가 좋아하는 남자들이 결국 나와 상극인 걸로 판명이 난 역사가. 그래서 나는 이 남자의 평범함과 단순함과 무딤을 세 번만 참아주기로 했다. 딱 세 번만.

결국 나는 그 남자를 15년이 지난 오늘날까지도 떼어놓지 못했다. 그 15년간 수없이 많은 위기가 있었다. 대부분은 내 성격 탓이었다. 사실 남자들과 사귈 때마다 불안정한 내 성격은 극에 달했다. 그들을 멋대로 휘두르려 하면서도 그들이 나를 떠날까 봐 전전긍긍했다. 종종 지나치게 화를 냈고 그들의 사소한 결점을 하나하나 트집 잡으며 괴롭혔다. 그런 연애들은 늘 끝이 좋지 않았다. 남편 역시 나와 6개월쯤 사귀었을 때 한숨을 쉬며 말했다. 어디 명상센터 같은 데라도 가봐.

그러나 나를 구원한 것은 명상이 아니라 책이었다. 내게 도움이 된 책들은 여성 작가가 자신의 고통스러운 과거, 과거와의 힘겨운 결별, 새 출발에 대해 솔직하게 고백한 책이었다. 고통을 과장하고 스스로 동정한다는 느낌이 들 때도 없지는 않았지만, 이 여자들의 이야기를 읽고 있노라면 위안이 되었다. 아, 세상에 나 같은 사람이 또 있구나. 내가 괴물이 아니구나. 다들 자기 자신과 엎치락뒤치락하며 살아가는구나. 그것만으로도 분노와 불안으로 날뛰던 마음이 조금씩 진정되었다.

이제 더 이상 나는 나 자신을 괴물이라고 생각하지 않는다. 그럴 나이는 지났다. 그러나 아직도 이런 고백들을 읽을 때마다 가슴이 떨린다.

우리 앞에 둘러쳐진 지성과 전문성의 휘장 뒤에는 두려움의 대양이 넘실거리고, 열등감의 강물이 흐른다. 언젠가 AA 모임에서 알코올 중독을 '삶에 대한 두려움'이라고 간략하게 정의하는 말을 들었다. 간략하지만, 상당히 정확한 표현이다. 내 경우 저널리스트 이력의 절반을 기자 생활로 보냈으면서도 기자 생활의 기본 직무, 즉 모르는 사람에게 전화를 걸어서 질문하는 일을 두려워했다. 마음속에는 항상 보기 싫은 것들의 목록이 길게 펼쳐져 있었다. 나는 그렇게 유약했고, 사람들의 반응에 과민했으며(남들에게 오해를 받으면 내 영혼의 일부가 허물어지기라도 하는 것처럼), 근원적인 열등감, 외로움과 두려움에 빠져 있었다. 세상을 기만하고 있다는 느낌(외부의 방어막이 내부의 작고 불안한 인간을 효과적으로 가리고 있다는)은 어떤 사람들이나 느낄 수 있지만, 알코올 중독자에게 특히 만연한 느낌이다.

- 캐롤라인 냅,《드링킹》중에서

《드링킹》을 쓴 캐롤라인 냅처럼 나도 20대 중후반에 기자 생활을 했다. 나 역시 기자 생활의 기본 직무인, 모르는 사람에게 전화를 걸어 그들에게 질문하는 일이 죽도록 두려웠다. 너무 두려워 전화를 걸기 전에는 언제나 몇 번이나 심호흡을 해야 했고, 때로는 몇 시간 동안 전화 걸 용기를 내느라 멍하니 앉아 있어야 했던 적도 있다. 아마 누구도 그 사실을 몰랐을 것이다. 내가 철저히 감췄으니까. 이렇게 사소한 일에도 두려움을 느끼는 겁쟁이라는 사실을 들키고 싶지 않았으니까.

전화를 거는 일뿐만이 아니었다. 나는 어릴 때부터 세상 살아갈 준비가 되어 있지 않다는, 모든 것에 미숙하다는 느낌을 받으며 자랐다. 눈치가 빠르지 못하고 말귀를 잘 알아듣지 못한다는 지적 한마디, 한마디에 움츠러들던 기억이 생생하다. 학교에 입학했을 때, 반이 바뀔 때, 환경이 바뀔 때마다 극심한 스트레스를 받았다. 나는 이걸 견딜 수 없어! 나는 이걸 해낼 수 없어! 나는 이 인생을 살아낼 수 없어! 머릿속에서는 같은 말들이 무한 반복되었다.

캐롤라인 냅 역시 비슷한 느낌을 받으며 살아왔다고 고백한다. 아버지는 저명한 정신분석가, 어머니는 화가인 상류층의 지적이고 안정적인 가정에서 태어나 명문대를 우등으로 졸업하고 저널리스트가 된 그는 스무 살부터 30대 중반까지 알코올 의존자였다. 거식증으로 37kg까지 체중을 감량했다가 그다음에는 폭식에 빠지고, 곧 알코올 의존자가 된 것이다. 하지만 누구도 그 사실을 눈치채지 못했다. 그의 철저한 이중생활 때문이었다.

여기저기 감춰놓은 술을 정신을 잃을 때까지 마시고 다음 날 지독한 숙취와 함께 깨어난다. 아무렇지 않은 척 회사에 나가 흠잡을 데 없이 완벽하게 일을 마친 뒤 다시 집으로 돌아와 술을 마시는 하루하루. 술 없이는 아무것도 할 수 없는 매 시간. 그는 자신과 같은 알코올 의존자들이 그렇게 술을 마실 수밖에 없는 이유는 술을 좋아해서가 아니라, '삶에 대한 두려움' 때문이라고 정리한다.

술은 내가 마음의 문을 열고 다른 사람과 관계를 맺게 하는 최고의 방법, 가장 빠르고 간단한 방법이었다. 알코올이 주는 힘은 엄청났다. 술을 마시고 나면 갑옷이라도 두른 듯 여유롭고 강력한 버전의 나로 다시 태어났다.

- 캐롤라인 냅, 《드링킹》 중에서

삶을 마주하는 것이 두려워서, 자신의 약점과 결점을 들키는 것이 두려워서, 누구에게도 인정받거나 사랑받지 못할까 두려워서, 이 삶을 혼자서는 헤쳐 나갈 자신이 없어서 사람들은 술을 마신다. 술을 마시면 낯선 이와도 선뜻 친구가 될 수 있다.

술을 마시면 어떤 말이든 할 수 있다. 술을 마시면 큰 소리로 떠들 수 있고 큰 소리로 웃을 수 있고 때로는 큰 소리로 울 수도 있다. 술을 마시면 춤을 출 수도 있고 노래를 부를 수도 있다. 그 강력한 해방감과 만능감을 잊지 못해 알코올 의존자들은 계속해서 술을 마신다. 술을 마셔 현실의 비루함과 무력함을 잊어버리려 애쓴다.

> 술은 우리가 성숙한 방식으로 A 지점에서 B 지점으로 이동하려면 겪어야 하는 힘겨운 인생 경험을 박탈한다. 간편한 변신을 위해 술을 마신다면, 술을 마시고 자기 아닌 다른 사람이 된다면, 그리고 이런 일을 날마다 반복한다면 우리가 세상과 맺는 관계는 진흙탕처럼 혼탁해지고 만다. 우리는 방향 감각도 잃고 발 딛고 선 땅에 대한 안정감도 잃는다. 그러다 보면 어느덧 자기 자신에 대한 가장 기본적 사항들(두려워하는 것, 좋아하는 느낌과 싫어하는 느낌, 마음의 평안을 얻는 데 필요한 것)도 알 수 없게 된다. 술에 젖지 않은 맑은 정신으로 그것을 찾아 나선 적이 없기 때문이다.
>
> - 캐롤라인 냅,《드링킹》중에서

부모님이 두 분 다 돌아가시고, 그들이 자식들에게 철저히 감추었던 비밀을 알게 되고, 아버지 역시 알코올 의존중이었다는 사실을 깨닫고, 자신이 품은 상처와 두려움과 약점을 인지하고, 도무지 손쓸 도리가 없을 정도로 술 문제가 심각해지자, 캐롤라인 냅은 제 발로 재활센터에 입소한다. 그곳에서 자신 같은 알코올 의존자들을 만나 감춰왔던 기만적인 삶을 솔직하게 털어놓고 나서야 그는 겨우 용기를 낼 수 있게 되었다. 술 없이 살아갈 수 있는 용기를. 술 없이 이 힘겨운 인생을 견뎌낼 용기를.

재활센터를 나온 후 그는 매일 저녁 알코올 의존증 모임에 참석한다. 그곳에서 그가 배운 것은 이런 것들이었다. 정직하게 사는 것, 자신을 속이고 남들을 속이지 않는 것, 실수를 인정하는 것. 그는 이렇게 생각한다. '그래, 그렇게 살면 되는 거였어.' 그것을 몰랐기 때문에, 어떻게 살아야 하는지를 몰랐기 때문에 매일 밤 술을 마시고 취기로 두려움을 덮어버려야 했던 것이다.

남편과 함께 본 첫 영화인 〈사이드웨이〉의 주인공 마일스 역시 쉬지 않고 술을 마셔대는 알코올 의존자였다. 중년의 작가 지망생 마일스는 결혼을 앞둔 친구 잭과 둘만의 캘리포니아 와이너리 투어를 계획한다. 와인도 실컷 마시고 골프도 실컷 치는 남자들만의 휴가. 그러나 노모의 푼돈까지 슬쩍해 감행한 이 고상한 여행은 뜻대로 흘러가지 않는다.

잭의 머릿속은 총각 시절의 마지막을 화끈하게 보낼 생각만으로 가득하다. 만나는 여자마다 꼬셔대던 그는 급기야 마일스의 단골 식당 웨이트리스인 마야, 그리고 마야의 친구 스테파니와의 더블데이트를 기획한다. 이런 상황이 불편하기만 한 마일스는 자신에게 호감을 보이는 마야 앞에서 잔뜩 취해 와인 이야기만 늘어놓는다. 그러고는 재혼한 전처에게 전화를 걸어 술주정을 하는 것이다.

> 나는 술 마시는 느낌을 사랑했고, 세상을 일그러뜨리는
> 그 특별한 힘을 사랑했고, 정신의 초점을 나 자신의 감정
> 에 대한 고통스러운 자의식에서 덜 고통스러운 어떤 것들
> 로 옮겨놓는 그 능력을 사랑했다. 나는 술이 내는 소리도 사
> 랑했다. 와인 병에서 코르크가 뽑히는 소리, 술을 따를 때 찰
> 랑거리는 소리, 유리잔 속에서 얼음이 부딪히는 소리….
> 술 마시는 분위기도 좋아했다. 술잔을 부딪치며 나누는 우
> 정과 온기, 편안하게 한데 녹아드는 기분, 마음속에 솟아나
> 는 용기….
>
> — 캐롤라인 냅,《드링킹》중에서

마야는 마일스에게 왜 피노 누아가 아닌 와인은 와인으로 치
지도 않느냐고 묻고, 마일스는 피노 누아가 인내심을 갖고 끝
없이 돌봐줘야 하는 까다로운 품종이기 때문이라고 답한다.
그런 마일스는 어쩐지 힘든 종목만 골라서 도전하는 아마추
어 운동선수 같다. 인생에 어떤 완벽함이 존재하고, 그 완벽
함을 손에 넣어야만 한다고 믿는 사람. 현재가 아니라 잃어
버린 과거나 아직 갖지 못한 미래만을 보는 사람. 어떤 것에
도 영원히 만족하지 못하는 사람.
그래서 와인을 향한 마일스의 사랑은 편집증적이다. 어쩌면 마
일스가 그토록 와인에 집착하는 이유는 캐롤라인 냅이 쓴 대
로, 술이 가진 "정신의 초점을 나 자신의 감정에 대한 고통스러

운 자의식에서 덜 고통스러운 어떤 것들로 옮겨놓는 그 능력"
때문일 것이다.

하지만 마야가 와인을 사랑하는 이유는 다르다. 그녀는 와인의 삶을 찬미한다. 마야는 포도밭에 열린 한 알의 포도알에서 와인이 되기까지의 삶을, 끊임없이 변화하는 그 생명력을, 제맛을 한껏 뽐내고는 삶을 마감하는 와인의 운명을 사랑한다고 말한다.

"61년산 슈발 블랑을 따는 순간이 특별한 순간이 될 거예요."

특별한 순간에 마시려고 61년산 슈발 블랑을 장식장에 넣어뒀다는 마일스에게, 마야는 왜 그 좋은 와인을 묵혀두느냐며 이렇게 조언했다. 마야는 그런 여자다. 특별하지 않은 순간도 특별하게 만들 수 있는 여자. 특별하지 않은 사람도 특별하게 만들 수 있는 여자. 살아가며 닥친 과제들을 하나하나 해나가는 과정을 통해 힘과 희망을 쌓아나가는 여자.

마일스가 완성한 첫 소설은 결국 출간이 거절되고, 전처는 재혼한 남편의 아이를 임신했다. 사소한 오해로 마야마저 실망시킨 마일스는 반평생을 살고도 아무것도 내세울 게 없는 처지에 좌절한다. 그는 슈발 블랑을 들고 햄버거 가게로 가서는 햄버거를 우적우적 씹으며 그 좋은 와인을 다 마셔 버린다. 과거의 상처에, 과거의 영광에, 과거의 상실에 목매며 앞으로 한 발짝도 내딛지 않는 것은 어리석은 짓이다. 하지만 누가 그 함정을 피해갈 수 있겠는가. 인간은 어리석은 짓을 하지 않고는 살 수 없는 존재다. 두려움을 떨치고 한 발짝 내딛는 것은 아주 간단해 보이기도 하지만, 누군가에게는, 어떤 상황에서는 달까지 가는 것만큼이나 힘들고 어려운 일이다.

　술을 마시지 않는 사람들, 그러니까 술이라는 정신의 마취제 없이도 하루하루를 밀고 나가는 사람들은 외부의 힘에 막연한 기대를 하지 않으며, 개인의 진정한 힘과 희망은 외부에서 주어지는 것이 아니라 적극적인 경험의 축적을 통해서, 즉 자기 앞에 닥친 과제들을(아무리 고통스럽고 두려운 일이라 해도) 하나하나 해내는 과정을 통해서 얻어진다는 사실을 터득하고 있다.
　하지만 술을 마시는 사람은 그러지 못한다. 고통스러운 감정을 뚫고 지나가는 것과 그것을 외면하는 것의 다른 점을 알지 못한다. 그들이 할 수 있는 일은 그저 멍청히 앉아 술을 들이켜다가 취하는 것뿐이다.
　　　　　　　　　　　　　　　- 캐롤라인 냅, 《드링킹》 중에서

내 안에는 굼뜨고 눈치 없고 모든 것에 미숙한 어린 여자애가 있다. 요즘도 그 여자애는 종종 외친다. '나는 이걸 할 수 없어!' '나는 이 인생을 도무지 살아낼 수가 없어!' 나는 그 여자애와 함께 달아나 버리고 싶다. 어딘가에 숨고 싶다. 술을 마시거나, 누군가에게 매달리거나, "아직 준비가 안 됐어."라고 변명하며 방문을 닫아걸고 싶다.

그러나 나는 이제 안다. 그 와중에도 나는 학교를 모두 졸업했고, 새로운 친구를 사귀었고, 직장에 들어갔고, 그 모든 전화를 걸어냈다는 사실을. 결혼도 했고, 아이도 둘이나 낳아서 길렀다는 것을. 심지어 나에게는 내 인생이 완전히 실패한 것은 아니라는, 내가 이 세상의 부적응자가 아니라는 표식이 되어주는 가족과 친구들과 동료들도 있다. 그래서 나는 조금씩, 조금씩 두려움을 떨쳐낼 수 있다. 이제 나는 그 여자애를 다독일 줄 알게 되었다.

'알아, 나도. 내가 무섭다는 걸. 하지만 지난번에도 해냈잖아. 그러니까 이번에도 할 수 있어. 처음엔 당황하고 무섭겠지만 시간이 지나면 괜찮아질 거야. 늘 그랬던 것처럼.'

나는 그렇게 살고 있다. 이 나이까지 이러고 살고 있다는 것이 한심하고 부끄럽지만, 두려움을 마서 없애는 대신에 두려움과 함께 살아가는 법을 배우고 있다. 자신을 기만하지 않고 살아가는 법을 배우고 있다. 힘과 희망은 원래부터 거기에 있던 것이 아니라, 닥친 과정들을 하나씩 해나가면서 자라는 것이니까. 딱히 누가 알아줄 일도, 자랑할 만한 일도 아니지만 그런 것에서 나는 작은 안도감을 느낀다.

《드링킹》 | 케롤라인 냅 | 나무처럼
《사이드웨이》(2004) | 알렉산더 페인

그렇게 부모가 된다

지금은 그저 남자들의 화생방 훈련 추억담처럼 느껴지긴 하지만, 나에게도 22개월 터울의 입 짧고 잠 안 자는 아이 둘을 키우느라 근 4년을 두 시간 이상 이어서 자본 적 없던 시절이 있었다. 아아, 그 시절을 떠올리기만 해도 몸서리를 칠 것만 같다. 좀처럼 잠들지 않는 아이를 업고 선 채로 허겁지겁 밥을 입에 쓸어 넣고, 잠을 쫓기 위해 커피를 사발로 타 마시다 난생처음 위염에 걸리던 시절. 악을 쓰고 울며 보채는 아이 둘을 양팔에 하나씩 끼고 앉아 꾸벅꾸벅 졸다가, 이 상황이 너무 힘들고 어이없어 실성한 여자처럼 웃던 시절. 아이를 키우는 일이 행복하기는커녕 지옥처럼 느껴진다는 사실에 죄책감을 느끼며 울던 시절. 그러면서 천천히, 밉기만 했던 나의 엄마를 이해하게 되던 시절.

호소다 마모루의 애니메이션 〈늑대아이〉를 보면서 엉엉 운이유도 바로 그래서였을 것이다. 홀로 아이들을, 그것도 늑대아이 둘을 키우는 엄마의 사투가 남 일 같지 않았던 것이다.

"아빠 나한테 울고 싶을 땐 억지로라도 웃으라고 하셨어. 그
럼 어떻게든 견뎌낼 수 있다면서."

세상 의지할 데 없는 여대생 하나는 우연히 만난 남자와 사랑
에 빠진다. 그런데 알고 보니 남자의 정체는 늑대인간이었다.
늑대인간의 마지막 후손으로 지금껏 남들 눈에 띄지 않게 자신
을 죽이며 살아온 남자와 울고 싶을 때 웃으면서 부모 없이 씩
씩하게 살아온 여자의 사랑은 남자가 길가에서 꺾어 온 들꽃처
럼 풋풋하고 연약하고 또 간절하다.

그런 그들 사이에 아기가 생긴다. 행여나 아기가 늑대의 모습
으로 태어날까 두려운 어린 커플은 책에서 본 대로 집에서 출
산을 하고, 눈 내리는 날 태어난 첫딸 유키(눈), 이듬해 비 오
는 날 태어난 둘째 아들 아메(비)와 가진 것 없이도 다정히 살
아간다. 그러나 가족의 행복은 오래가지 못한다. 엄마를 위
해 꿩 사냥을 나선 아빠가 늑대의 모습으로 비참한 죽음을 맞
은 것이다. 이제 엄마 하나는 혼자 힘으로 늑대아이 둘을 키워
야 한다.

"그날 이후 엄마가 우리를 얼마나 힘들게 키웠는지 솔직히
난 기억하지 못합니다."

딸 유키의 고백대로 어린 엄마의 나 홀로 육아는 파란만장하
기만 하다. 천방지축 유키는 온 집 안을 쑥대밭으로 만들어놓
고, 입이 짧고 예민한 아메는 밤마다 깨어 울어댄다. 하나는 수

면부족과 만성피로에 시달리며 혼자 두 아이를 키우고 살림을 하는 것은 물론, 아이들의 존재가 발각될까 마음을 졸여야 한다. 아이가 갑자기 아파도 소아과에 가야 할지, 동물병원에 가야 할지 알 수 없다. 아이들을 인간으로 키워야 할지, 늑대로 키워야 할지도 모른다.

도시에서의 삶을 더는 감당할 수 없어진 그들은 결국 첩첩산중의 폐가로 달아나듯 이사를 떠난다. 그곳에서 하나는 망가진 집을 스스로 고치고, 이웃들의 도움을 받아 밭을 일구며 새로운 삶을 꾸려 나가기 시작한다.

아이가 태어나기 직전까지도 낳기만 하면 저절로 부모가 되는 줄 알았다. 이기적이고 무뚝뚝한 내 안에 숨은 자애롭고 다정한 버전의 나, 그러니까 부모 버전의 내가 툭 하고 튀어나올 줄 알았다. 그런데 이상했다. 이틀간의 끔찍한 진통 끝에 겨우 아이를 품에 안았는데 기쁨과 감동의 눈물 같은 건 전혀 나오지 않았다. 그저 이 아픈 걸 다시 안 겪어도 된다는 사실이 다행일 뿐이었다.

말을 거는 일도, 젖을 물리는 일도, 눈을 마주치고 놀아주는 일도 어렵고 어색하기만 했다. 무엇보다 어려웠던 것은 아이와 시간을 보내는 일이었다. 기저귀와 젖병들, 습하고 비릿한 공기, 그치지 않는 아이의 울음소리. 하루 종일 아이와 둘이서 집 안에 갇혀 있으려니 무기징역형이라도 받은 기분이었다. 유모차를 밀고 밖으로 나가 카페에 들어갔다가 아이가 큰 소리로 울어 죄인처럼 도망쳐 나와야 할 때는 전자발찌를 찬 전과자가 된 기분이었다. 그리고 그런 기분인 나는 자격 미달 부모인 것이 확실했다. 그 사실이 나를 더 우울하게 만들었다. 아이들과 시간을 보내는 것이 자연스러워지고, 아이들이 예뻐 보이기 시작한 것은 시간이 좀더 지난 뒤부터였다.

고레에다 히로카즈의 영화 〈그렇게 아버지가 된다〉의 주인공 료타는 토요일에도 출근하는 일중독 아빠다. 고도성장기의 가장들처럼 항상 바빠 가족은 뒷전인 그는 그 덕에 아이가 풍요로운 생활을 누리고 좋은 교육을 받을 수 있으리라 믿는다.

얼마 후 료타의 인생에 청천벽력 같은 일이 벌어진다. 아들 케이타가 병원에서 바뀐 아이라는 것이다. 그의 친아들 류세이는 변두리 전파상집 삼남매 중의 첫째 아들로 크고 있다. 그런데 케이타의 친아빠인 유다이는 료타와는 완전히 다른 부류의 남자다. 내일 할 수 있는 일은 오늘 하지 말자는 신조로 사는 유다이에게는 성공하고 싶은 욕심도, 돈을 더 벌고 싶은 욕심도 없다. 유다이네 집은 넉넉하지 못하고, 료타는 그런 유다이를 은근히 멸시한다.

그러나 집과 가게가 붙어 있기에 아이들은 아빠가 어떻게 일하는지를 옆에서 보며 자란다. 하루가 끝나면 아이들과 함께 목욕을 하고 함께 밥을 먹고 함께 마당에 누워 뒹구는 것도 유다이에게는 별로 어려운 일이 아니다. 아빠가 비싼 장난감을 사주지 않아도, 대단한 사람이 아니라도 아이들은 행복하게 자란다. 그래서 료타가 경제적으로 풍족한 자신이 두 아이를 모두 데려가 키우는 것이 어떻겠느냐고 제안했을 때, 유다이는 그의 뺨을 후려치며 이렇게 말하는 것이다. 아이들에게 필요한 것은 돈이 아니라 시간이라고.

결국 두 아들 류세이와 케이타는 협의에 따라 친부모의 집으로 교환된다. 그 과정에서 케이타는 깊은 상처를 받고, 류세이는 노력하는 친부모 앞에서도 집으로 돌아가 가족을 만나고 싶다고 소원을 빈다. 지금껏 져본 일 없이 야심만만하게 살아온 료타의 인생에도 브레이크가 걸린다.

때마침 료타는 한직인 기술연구소로 발령을 받게 된다. 연구소 내의 숲을 둘러보던 도중 숲을 관리하는 연구원이 그에게 벌레 한 마리를 잡아 보여주면서 이렇게 말한다.

"유충이 땅에서 나와 부화할 때까지 15년이 걸립니다."

그렇게나 기냐며 놀라는 료타의 질문에 연구원은 의미심장하게 웃더니 그게 긴 것 같으냐고 되묻는다.

부모의 시간은 아득할 정도로 느리게 간다. 목도 가누지 못하던 아이가 제 발로 걷기까지 1년 가까운 시간이 걸린다. 말을 하고 젖을 떼고 기저귀를 떼기까지 또 몇 년이 더 걸린다. 채소라면 무조건 퉤퉤 뱉어내던 아이가 제 손으로 젓가락질을 해서 샐러드를 입으로 가져갈 때까지는 6년이나 10년, 때로는 15년이 걸릴 수도 있다. 심지어 성인이 되어서도 아직 인간이 덜되었다고 느끼거나 엄마를 부르며 울고 싶은 때가 얼마나 많은가.

모든 아이에게는 각자의 속도가 있고 모든 아이에게는 각자의 인생이 있다. 부모가 할 수 있는 일은 오로지 곁에서 기다리고 기다려주는 것뿐이다. 그러니 부모가 되기 위해서는 속도를 늦춰야만 한다. 단지 내가 너를 만들고 낳았다고 해서, 핏줄이 이어졌다고 해서 저절로 애정이 생기는 것은 아니다. 같은 공간을 공유하고 살을 부비고 눈을 들여다보고 이야기를 나눈 시간들이 관계를 만들고 애정을 낳는다. 부모가 되기 위해 필요한 것은 오직 시간이다.

〈늑대아이〉의 유키는 학교에 입학해 평범한 소녀로 자라고, 학교생활에 적응하지 못하던 아메는 학교 대신 짐승들이 사는 산을 오가기 시작한다. 시간이 흘러 인간의 삶을 택해 기숙학교로 떠난 유키, 늑대의 삶을 택해 산으로 떠난 아메가 없는 집에서 하나는 담담히 자신만의 삶을 살아간다. 어느 밤, 홀로 앉은 하나의 귀에 저 멀리 늑대의 울음소리가 들려온다. 하나는 그것이 아들의 소식이라는 듯 기쁘게 미소 짓는다.

내 몸에서 나온 아이들, 내 품을 떠날 줄 모르던 아이들, 무섭거나 아플 때마다 내 무릎에 얼굴을 묻고 "괜찮다고 해줘."라며 울던 아이들은 조금씩 나를 떠나간다. 내가 그랬듯 내 아이들도 언젠가는 나 없이 잘 살게 될 것이고, 나와는 상관없는 삶을 살게 될 것이며, 어쩌면 며칠에 한 번쯤이나 겨우 나를 떠올리게 될 것이다.

하나처럼 나도 아이들이 내 품을 떠날 때 웃으며 힘차게 손을 흔들어줄 수 있을까. 그런 부모가 되어줄 수 있을까. 내가 할 수 있는 일이란 그 아이들이 건강하게 잘 버텨주기만을 마음속으로 기도하며 먼 산에서 들리는 늑대의 울음소리에 안도하는 것뿐이겠지.

부모가 된다는 것은 세상이 내 뜻대로 움직이지만은 않는다는 사실을 깨닫는 일이다. 내 아이는 나보다 더 나은 사람이 될 수 있을까? 모를 일이다. 내 아이는 나처럼 살 수 있을까? 그것도 모를 일이다.

내 힘으로 어쩔 수는 없다는 사실을 깨닫는 것, 나 자신이 그렇게 대단한 존재가 아니라는 사실을 깨닫는 것, 그렇지만 어쩌면 대단한 존재일지도 모른다는 사실을 깨닫는 것이 부모가 되는 일이다. 누구도 부모로 태어나지 않는다. 부모는 되는 것이다.

젖은 아이들을 씻기고, 그 아이들의 몸에 묻은 물기를 닦아주고, 옷을 갈아입히고, 같이 밥을 먹고, 책을 읽어주고, 이야기를 들어주고, 이불을 덮어주고, 불을 끄고, 잘 자라는 인사를 한다. 아이들을 키운다는 것은 이렇게나 시시하고 아득한 일상의 연속이다. 그렇게 시시하고 아득한 일상이 쌓이고 쌓여 우리는 엄마가 되고 아빠가 되어간다. 그렇게 우리는 부모가 되어간다.

〈늑대아이〉(2012) | 호소다 마모루
〈그렇게 아버지가 된다〉(2013) | 고레에다 히로카즈

눈물의 정당함

거의 누구라도 내가 한 일을 해낼 수 있을 것이다. 일자리를 찾고, 그 일을 하고, 수입과 지출을 맞추고. 실제로 수백만 명의 미국인이 매일 그렇게 살고 있으며, 그걸 떠벌이지도 않고, 머뭇거리지도 않는다. (중략) 목표는 객관적이고 간단명료했다. 진짜 가난한 사람들이 매일 그러듯이 수입과 지출을 맞출 수 있는지 시험해 보는 것. 게다가 내 의사와 상관없이 빈곤을 경험한 적이 몇 번 있었기 때문에 빈곤은 관광 목적으로 체험해 볼 만한 것이 아니라는 걸 너무나 잘 알았다. 빈곤은 공포와 너무나 비슷한 냄새를 풍긴다.
　　　　　　　　　　- 바버라 에런라이크, 《노동의 배신》 중에서

보통 우리는 사느라 바빠서 내 삶이 어떤 틀 안에 갇혀 있다는 사실을 깨닫지 못한다. 그 틀은 스스로 만든 것일 수도 있고, 날 때부터 주어진 것일 수도 있고, 자신도 모르게 조금씩 틀 안에 갇힌 것일 수도 있다. 아무튼 그 틀을 벗어난다는 것은 쉽지 않은 일이다.

그럴 때 우리에게는 이야기가, 좋은 이야기가 필요하다. 좋은 이야기는 잠시나마 우리를 그 틀 너머로 데려가 주니까. 좋은 이야기는 이 틀 안에 있는 것이 정답이 아니라는 것을, 틀 너머에도 세상이 존재한다는 것을 보여준다. 또 우리는 그 틀 너머를 바라보며 살아가야 한다는 것을, 언젠가는 자신의 힘으로 그 틀을 뛰어넘어야 한다는 것을, 어쩌면 그 틀을 부숴버려야 할 수도 있다는 것을 알려주기도 한다. 좋은 이야기는 그럴 수 있는 용기를 준다.

나는 그런 좋은 이야기 중의 하나로 언제나 바버라 에런라이크의 《노동의 배신》을 꼽는다. 중년의 저널리스트인 바버라 에런라이크는 빈곤층의 삶에 대해 쓰기 위해 2년 여간 직접 저임금 단순노동직을 전전하는 일종의 잠입 취재를 하게 된다. 낯선 도시로 가서 방을 구하고 식당 종업원부터 청소부, 요양원 직원과 대형마트 점원까지 닥치는 대로 일자리를 구해 살아보기로 한 것이다. 과연 미국 사회에서 이런 일을 하면서 집세를 내고 먹을거리를 사고 생활을 꾸려 나갈 수 있는지를 알아보기 위해서다.

여기서 일하다 보면 금방 늙을 것 같았다. 사실 기억에 남을 만한 일들로 한 번씩 느낌표를 찍어 주지 않으면 시간은 이상한 짓을 하는지라, 나도 처음 여기서 일을 시작했을 때보다 벌써 몇 년은 더 늙어버린 듯했다. 여성복 매장에 하나 있는 전신 거울에, 뭔가에 집중하느라 얼굴을 찡그린 채 카트 위로 몸을 숙인 중간 키의 여성이 비쳤다. 난 아니겠지, 설마…. 엘리처럼 머리가 세고, 로다처럼 성질이 사나워지고, 이사벨처럼 쪼그라들 때까지 얼마나 걸릴까? 소금이 많이 든 패스트푸드를 아무리 먹어 대도 매 시간마다 소변이 마렵고, 내 발 덕분에 어떤 발 전문의의 아이가 대학에 다니게 되는 사태가 언제쯤이면 벌어질까? (중략) 자기의 시간을 1시간당 얼마라고 판다는 것은, 처음에는 미처 깨닫지 못하겠지만 사실은 인생을 파는 것이다.

- 바버라 에런라이크, 《노동의 배신》 중에서

"자기의 시간을 1시간당 얼마라고 판다는 것은, 처음에는 미처 깨닫지 못하겠지만 사실은 인생을 파는 것이다." 이 문장에 이 책의 모든 것이 담겨 있다.

저임금 단순노동을 하며 에런라이크가 만난 빈곤층 동료들은 분명 인생을 팔고 있었다. 그들은 말 그대로 뼈 빠지게 일하지만 생활은 나아질 기미가 보이지 않는다. 낮은 임금에 비해 집세는 너무 비싸다. 어떤 이들은 월세 보증금 1000달러가 없어서 하룻밤에 60달러가 넘는 모텔 방에 살고, 방 한 칸을 여러 사람과 나눠 쓰거나 차에서 먹고 자는 경우도 있다. 점심 먹을 돈이 없어 과자 한 봉지로 버티거나 굶기를 밥 먹듯이 한다. 아무리 일해도 돈은 모이지 않고 반복적인 육체노동 때문에 몸은 망가져 간다.

가장 큰 문제는 누가 해도 상관없을 일자리를 전전하며 당장의 위기만 모면하려 애쓰다 보면 어느 순간 이런 삶에서 빠져나갈 수가 없게 된다는 것이다. 그러나 이들에게는 당장의 위기라는 집채만 한 파도 너머의 것들을 볼 여유가 없다. 아무런 안전망이 없기 때문이다. 오늘 일을 하지 않으면 내일 살아남을 수 없기 때문이다.

그리하여 1년 동안의 실험 결과, 쉬지 않고 일해도 저임금 단순노동으로 스스로 생계를 꾸려가기란 불가능에 가까웠다. 그 와중에 에런라이크가 발견한 사실은 이런 삶의 문제가 단순히 경제적인 부분만이 아니라 좀 더 내밀한 부분, 그러니까 개인의 정체성과 자존감의 영역까지 걸쳐 있다는 것이다.

집주인들은 우리에게 청소를 잘해 줘서 고맙다고 인사하지 않았다. 또 길 가던 사람들이 우리를 프롤레탈리아 노동 계급의 영웅이라고 환영하지도 않았다. 저녁에 바게트를 자르는 조리대 위에 조금 전까지 기절하기 직전의 여성이 기대고 있었다는 것을 알 리도 없고, 그 일 때문에 용감하다고 그 여성에게 메달을 주기로 결정하는 일도 없을 터였다. 내가 진공청소기로 방을 열 개나 밀고도 시간이 남아서 부엌 바닥을 솔질했어도 "바버라, 정말 대단해!"라고 아무도 말해 주지 않았다.

- 바버라 에런라이크,《노동의 배신》중에서

에런라이크는 미국 사회의 밑바닥을 누비며 힘겨워하고 슬퍼하고 분노하고 눈물을 흘린다. 동시에 취재라는 본분을 잊은 채 관리자에게 잘 보이려 애쓰고 자기보다 일을 덜 하는 동료들을 미워하고 일에 지쳐 무기력해지는 자신을 보며 자조적인 농담을 던지기도 한다. 그리고 생각한다. 광부였던 아버지가 자식들만은 이런 삶에서 벗어나게 하려 애써 교육을 시키지 않았더라면 나 역시 이렇게 살아야 했을 것이다. 이런 세상이 전부라고 믿고 내 존재를 낮게 취급하며 살아가야 했을 것이다.

하지만 그렇게 되지 않았기에, 이것은 체험에 불과했기에, 이 세계를 관찰자적 시점에서 바라볼 수 있었기에(물론 쉽지는 않았지만 그러려고 노력했기에), 그는 고된 하루를 마치고 자신에게 주는 보상으로 해변을 산책하는 사람이 될 수 있었다. 그러나 그의 동료들은 대부분 그러지 못했다. 일자리에서 잘릴까 전전긍긍했고 익숙한 일터와 그 안의 인간관계를 떠나는 것에 두려움을 느꼈다. 누군가는 죽도록 일해도 입에 풀칠하기조차 힘든데, 또 다른 누군가는 별다른 일도 하지 않으면서 호의호식한다는 사실에 어떤 의문이나 불만도 품지 않았다.

> 밤 근무가 끝나갈 때 들곤 하던 고립된 느낌이 들었다. 문 밖에는 세상이 존재하지 않는 것 같았고 내 카트 밑바닥에 놓여 있는 어디서 왔는지 모를 제품들을 제자리에 갖다 놓는 것보다 더 급한 일은 없는 듯했다.
>
> - 바버라 에런라이크, 《노동의 배신》 중에서

나에게도 아이가 둘 있다. 우리 아이들은 공부를 잘하지 못한다. 공부를 열심히 하지 않기 때문이다. 별로 하고 싶지도 않은 공부를 왜 열심히 해야 하는지 납득하지 못하는 것 같다. 학원도 다니지 않고 공부하는 시간보다 노는 시간이 더 많은 그 아이들은 가끔 이렇게 묻는다. "내가 대학에 갈 수 있을까?" 나는 부모들이 종종 빠져들곤 하는 어두운 망상에 빠진다.

그 애들이 어쩌면 좋아하는 일을 영영 찾지 못하고 미래에 대한 불안과 부담감, 무언가를 선택해야 한다는 조급함에 내몰려 힘들고 의미 없는 삶을 살게 되지나 않을까 걱정이 된다. 좀 더 솔직히 이야기하자면, 또래의 젊은이들이 좋은 스펙으로 무장하고 깨끗한 사무실에 앉아 고액연봉을 받으며 삶을 즐길 기회를 누릴 때(삶을 즐길 시간이 없을지도 모르겠지만), 아니면 세상에 반드시 필요한 일을 하며 보람으로 충만한 삶을 살 때, 전문적인 기술을 습득해 그것으로 삶에 대한 선택권을 얻어 자립할 때, 아무것도 없는 우리 아이들은 실패했다는 느낌에 사로잡혀 골방에 처박혀 있지나 않을까 두렵다. 《노동의 배신》에 등장하는 헤어날 수 없는 빈곤층의 삶을 살게 될까 두렵다.

네가 기린을 그리는 디모가 되지는 않을까 사실 엄마는 겁이 나. 디모가 돈이 없고 유명하지 않아서가 아니라 의미를 찾지 못해서야. 엄마는 네가 열심히 공부하길 원해. 네가 다른 사람보다 더 성공하길 원해서가 아니라, 네가 선택권을 가질 수 있게 되길 바라서야. 생계에 쫓겨 마지못해 하는 일이 아니라 의미 있고 여유 있는 일을 선택할 수 있도록 말이야.

돈과 명예를 남들과 비교하며 쫓기보다는 마음의 평안을
줄 수 있는 것을 추구한다면 '평범'이라는 단어는 의미가 없
어져버려. '평범'하다는 건 남들과 비교했을 때 느끼는 감정
이지만, 마음의 평안은 자기와 비교하는 것이지. 우리가 최
종적으로 책임져야 할 대상은 안드레아, 멀고도 험한 이 길
의 마지막 종착지는 역시 '자기 자신'이야.

- 룽잉타이 · 안드레아, 《사랑하는 안드레아》 중에서

작가 룽잉타이는 열여덟 살 아들 안드레아와 3년 동안 편지 형
식의 칼럼을 썼다. 대만에 사는 엄마가 편지를 쓰면 독일에 사
는 아들이 답장을 하는 식이었다. 평범하면서 결코 평범하
지 않은 두 모자는 시시콜콜한 것들에 대해서, 그리고 거대
한 것들에 대해서 지치지 않고 이야기를 나눈다.

룽잉타이는 평범한 엄마의 마음으로 아들의 장래를 걱정하다
가도 어느 순간 삶의 중요한 가치들에 대해 이야기하고, 이 세
상의 불평등과 고통에 눈 돌릴 수 없는 마음을 쓴 후에는 땀범
벅인 채로 선풍기 바람을 쐬지 말라는 당부의 말로 편지의 끝
을 맺는다. 안드레아는 그에 대한 답장으로 엄마의 영향력
에서 벗어나 자신만의 가치관으로 살아가려는, 진정한 어른
이 되려 발버둥치는 현재의 자신에 대해 쓴다.

편지 속 기린을 그리는 디모는 이웃 청년의 이름이다. 경쟁과
순위를 따지지 않는 독일 교육 시스템 속에서 디모는 번역을
공부하며 열쇠 수리와 목공 일을 배웠다. 그러나 대학을 가는
대신 취업을 하려 했던 그는 졸업 후 일자리를 구하지 못했

고, 무려 20년째 실업 상태다. 지금 디모는 팔순의 어머니와 함께 살며 할 일이 없을 때마다 창가에 앉아 기린을 그린다.

부모는 아이들이 행복한 삶을 살기를 바란다. 그것은 반드시 성공한 삶을, 부유한 삶을 의미하지는 않는다. 그저 자신에게 의미 있는 일, 종종 즐거움과 기쁨을 느낄 수 있는 일을 하며 살 수 있기를, 조금 힘겨워도 자신이 선택한 삶을 자신의 의지대로 살아갈 수 있기를 바란다. 삶은 그렇게 살아야 한다는 것을 알기 때문이다. 룽잉타이가 아들이 디모의 삶을 살게 될까 두려워하는 이유도 편지에 쓴 대로 디모가 성공하지 못해서가 아니라, 여전히 삶의 의미를 찾지 못했기 때문인 것이다.

나는 두 모자의 편지를 읽고 공감하는 동시에 안심한다. 내가 느끼는 두려움의 정체를 알았기 때문이다. 모든 부모들은 자식의 미래를 걱정하고, 모든 자식들은 자신만의 삶을 살아가기 위해 애쓴다. 그런 당연한 사실을 이 편지들을 보며 나는 깨닫는다. 그리고 나와 내 아이들과의 관계 역시 타인의 시선으로 바라보려 노력한다. 저 아이들에게도 자신만의 삶이 있어. 그리고 자신만의 삶을 잘 살아보려 발버둥치고 있을 거야. 내가 할 수 있는 일은 오로지 그 아이들의 뒤에 서서 지켜봐주는 것뿐일 거야.

몇 년 전 어느 겨울날이었다. 드러난 살갗이 칼에 베이는 것처럼 추운 날이었다. 거리 한구석에 할머니 한 분이 앉아 말린 나물 같은 것들을 잔뜩 늘어놓고 팔고 있었다. 나물은 오랫동안 팔리지 않은 듯 한눈에도 질이 좋아 보이지 않았다. 할머니는 매일 거기에 있었고 나는 할머니를 볼 때마다 마음이 불편해져서 뭐라도 좀 사드려야 하는 게 아닐까 생각했다. 하지만 그러지는 못했다.

돌아오면서 함께 있는 일행에게 할머니가 너무 추울 것 같다, 저런 일을 하지 않을 수 있다면 좋을 텐데, 하고 말했다. 그러자 곁에 있는 한 젊은 남자가 이렇게 대꾸했다. "저 할머니는 저게 소일거리예요. 그런 걸 불쌍하게 볼 필요는 없죠. 직업에는 귀천이 없는 거니까."

정말로 그런 걸까? 저 일이 할머니의 소일거리인 걸까? 이런 날씨에 소일거리로 저런 것들을 들고 나와 파는 사람도 있을까? 정말로 그렇다고 해도, 저 할머니는 이런 곳이 아니라, 차가운 거리 한구석이 아니라, 좀 더 나은 장소에 앉아 계셔야 하는 게 아닐까? 과연 이런 상황에 직업에는 귀천이 없다는 말이 어울리는 걸까?

나는 오랫동안 그 문제에 대해 생각했다. 그것은 그 젊은 남자가 틀리고 내가 옳다는 것을 증명하기 위해서가 아니었다. 내 섣부른 동정, 책임지지 않는 연민의 마음을 올바른 자리에 옮겨놓기 위해서였다. 타인을 위해 흘리는 눈물의 정당성을 찾기 위해서였다. 그 눈물 속에 심은 씨앗이 어떤 것이어야 할지, 그 씨앗이 싹을 틔워 어떤 열매를 맺어야 할지를 알아내기 위해서였다.

나는 바버라 에런라이크와 룽잉타이의 책을 읽으면서 내 마음을 정리해 보려 애쓴다. 이상주의와 낭만적 감상주의의 함정에서 벗어나, 혜택받은 사람의 콤플렉스에서 벗어나 보려 애쓴다. 내 마음이 동정, 연민, 위선, 오만함이 아닌지 점검해 보려 애쓴다.

엄마는, 너의 정의감과 시비를 가릴 줄 아는 판단력이 정말 자랑스러워. 하지만 너도 이상주의의 본질을 꿰뚫어 볼 줄 알았으면 좋겠어. 이상주의는 귀한 것이지만, 굉장히 취약해서 부패하기도 쉽단다. 사람들의 정의감과 동정심, 개혁에 대한 열정, 혁명에 대한 충동 같은 것들은 흔히 낭만적 감상주의에서 나오는 경우가 많아. 그런데 이 낭만적 감상주의가 냉혹한 현실에 제대로 맞선 적은 단연코 없어. 이따금 옅은 안개와 가식적인 아름다움과 알 수 없는 몽롱함만을 드리울 뿐이야. 엄마는 네 이상주의가 단순한 낭만적 감상주의에 그치지 않고 더 깊어지고 성숙하길 바란단다.

　　　　- 룽잉타이·안드레아, 《사랑하는 안드레아》 중에서

긴 방학 내내 집 안에 갇혀 지내느라 심심해하는 아들이 《사랑하는 안드레아》를 읽고 있는 내 옆에 앉는다. 우리는 시답잖은 이야기를 주고받는다. 나는 책의 한 구절을 아들에게 읽어준다. 90킬로그램이나 되는 짐을 지고 하루 종일 산을 올라 5000원을 번다는 중국 소년의 이야기다. 아들은 "와, 90킬로그램이면 아빠를 업는 거네. 5000원이면 아이스크림이 몇 개지?" 하며 딴청을 피운다.

나는 이 아이가 섣부르게 소년을 동정하지 않아서 오히려 다행이라는 생각이 든다. 지금 내 앞에서는 지당한 말씀을 듣기 싫어 우스갯소리를 하는 저 사춘기 소년의 마음속에도 서서히 세상의 불평등에 대해서, 세상의 고통에 대해서, 세상 속 자신의 위치에 대해서 조금씩 생각이라는 것이 자라고 있다는 것을 나는 안다. 언젠가 우리는 룽잉타이와 안드레아처럼 편지를 주고받는 사이가 될 수도 있을 것이다. 저 아이는 자라서 어떤 남자가, 어떤 인간이 될까?

죄책감을 느껴야 한다고 생각할 수도 있다. 하지만 그것으로는 한참 모자라다. 우리가 느껴 마땅한 감정은 수치심이다. 다른 사람들이 정당한 임금을 못 받으며 수고한 덕분에 우리가 편하게 살고 있다. 예를 들어 한 여자가 배를 곯는 덕에 당신이 더 싸고 편리하게 먹을 수 있다면, 그리고 그 여자가 먹고 살기에도 형편없이 모자란 임금을 받으며 일하고 있다면 그 여자는 당신을 위해 지대한 희생을 하고 있는 것이다. 자신의 기운과 건강과 생명의 일부를 당신에게 선물로 준 것이다.

- 바버라 에런라이크, 《노동의 배신》 중에서

우리는 누군가를 위해 울 줄 아는 사람이 되어야 한다. 그러나 우는 것만으로는 충분하지 않다. 눈물은 다분히 자기만족적인 행위다. 눈물은 대개 눈물로 끝난다. 나는 그 처지가 아니라는 안도감으로 아름답게 마무리될지도 모른다. 나보다 약한 이들을 위해 손을 내미는 것, 그것이 중요하다. 하지만 그게 말처럼 쉽겠는가. 내 인생 하나도 버거운데 남의 인생까지 떠맡는 건 웬만한 박애 정신이 아니고서야 어려울 것이다. 하지만 최소한 이 정도는 할 수 있을 것이다. 바버라 에런라이크가 말한 대로 사람들이 넘어졌을 때 그들을 발로 차지는 않겠다고 다짐하는 것, 최소한 그 정도는 할 수 있을 것이다.

> 안드레아, 상상해봐. 눈으로 뒤덮인 높은 산을 힘겹게 오르던 너와 필립은 어느 오두막에 도착해. 오두막 안에서는 장작이 활활 타오르며 실내를 환하게 비추고, 너희의 가슴을 훈훈하게 데워주지. 이튿날 날이 밝으면 너희는 계속해서 산을 오르지. 용기와 힘으로 충만한 채. 장작불은 이미 꺼지고 없지만, 영원히 소멸되지 않는 마음속 열기와 빛은 너희 가슴에 살아 있으니까. 그리고, 그 힘으로 꽁꽁 얼어붙은 눈앞의 길과 맞닥뜨리지. 누가 간밤의 장작을 기억할까? 그 장작은 사람들이 자신을 어떻게 기억할지 신경이라도 쓸까?
>
> 하지만 엄마는 알아. 너희가 오래도록 엄마를 기억할 것을 말이야. 엄마가 엄마의 죽은 아버지를 기억하는 것처럼.
>
> — 룽잉타이·안드레아, 《사랑하는 안드레아》 중에서

아무쪼록 내 아이들이 자기 자신에게 의미 있는 삶을 살기를 바란다. 매 순간 배움으로 충만한 삶을 살기를 바란다. 그러면서도 즐겁게 살기를 무엇보다 바란다. 동시에 그 아이들

이 넘어진 사람을 보면 모른 체하지 않기를, 세상 돌아가는 일에 무심하지 않으면서 자신을 지키는 일에도 소홀하지 않기를, 그럴 수 있는 사람이 되기를 나는 언제나 바란다.

《노동의 배신》 | 바버라 에런라이크 | 부키
《사랑하는 안드레아》 | 룽잉타이 · 안드레아 | 양철북

나는 당신이 부러워요

스무 살 나에게는 친구가 생겼다. 대학 신입생인 우리는 말 그대로 서로를 알아보았다. 그 애는 나를 좋아했고 나도 그 애를 좋아했다. 휴대폰이 없던 시절, 그 친구는 밤늦게 집을 나와 공중전화 부스에서 나에게 전화를 걸었다. 우리는 한 시간이 넘도록 지치지도 않고 통화했다. 슬리퍼를 끌고 나온 그 애가 발이 시리다고 할 때까지, 들고 온 동전이 다 떨어질 때까지. 그때 우리는 무슨 이야기를 했을까. 기억조차 나지 않는다. 우리는 마치 연애라도 하는 사람들처럼 만나고 전화하고 이야기했다.

급격하게 가까워진 사람들은 또 급격하게 멀어진다. 어느 순간부터 그 애는 내게 짜증을 내기 시작했다. 내 모든 것을 트집 잡고 비판했다. 내게도 책임의 소재는 있었을 것이다. 하지만 아무리 반성해 봐도 내 잘못은 이것으로 수렴되었다. 내가 그 애가 원하던 바로 그 사람이 아니라는 것.

나는 그 애를 원하고 또 미워했다. 나보다 똑똑하고 재능 많은 그 애를 질투하는 동시에 그런 나 자신에게 열등감을 느꼈다. 무얼 해도 그 애의 시선으로 나 자신을 바라보게 되었다. 그 애 때문에 내 대학 시절은 내내 불행했다.

나는 아직도 나를 바라보는 그 애의 시선을 느낀다. 내가 어디 가서 잘난 척을 하거나 느끼하게 굴기를 두려워하는 이유는, 소탈한 사람인 척하는 이유는, 정말로 그런 사람이어서가 아니다. 내가 그러려고 할 때마다 지금 이 자리에 있지도 않은 그 애가 나를 어떻게 평가할지 걱정되어서다.

이준익의 영화 〈동주〉 속 윤동주는 식민지 시대 북간도에서 태어났다. 한 집에서 친형제처럼 자란 사촌 동주와 몽규는 판이하게 다른 성격이다. 몽규가 어딜 가나 사람들을 이끄는 타고난 리더형이라면, 동주는 섬세하고 내성적인 소년이다. 시를 좋아하는 동주는 시인이 되려는 꿈을 품고 있다. 모험보다는 하루하루 작은 것들에 감동을 받으며 살아간다.

고교생 몽규는 동주가 선망하는 신춘문예에도 쉽게 붙는다. 마을 사람들을 앞에 두고 호기롭게 연설을 하고, 선생님과 토론을 하며, 공산당을 쫓아 집을 나가 중국으로 떠나는 행동파에 모험가이기도 하다. 그런 몽규를 동주는 동경하고 질투한다. 동주는 자신의 마음만큼이나 작은 방에 틀어박혀 질투심에 괴로워한다. 사랑하는 형제를 질투해야 하는, 인정할 수밖에 없는 상대에게 열등감을 느끼는 것은 얼마나 가슴 아픈 일일까.

식민지 시대에 태어난 청년은 유목민처럼 떠돈다. 만주에서 서울로, 서울에서 교토로, 교토에서 도쿄로, 그리고 후쿠오카로. 그러면서 청년은 시를 쓴다. 투명하고 슬프고 아픈 시를.

우리는 윤동주의 아름다운 시들을 눈이 맑고 마음이 섬세한 식민지 문학청년의 시대적 좌절로 읽어왔다. 이 영화를 보며 새롭게 알게 된 사실은 윤동주의 인간적인, 지극히 인간적인 면모들이다. 그래서 '윤동주'는 '동주'가 된다. 동주. 옆집에 사는 청년일 것 같은 동주. 자부심보다는 자괴감이 더 큰 동주. 사촌 형제를 향한 질투심과 열등감을 어쩌지 못해 괴로워하는 동주.

그의 시는 불 끓는 열정이 아니라 상처받고 초라하고 뒤틀린 마음을 스스로도 어쩌지 못해 쓰인 것인지도 모른다. 그 마음을 안고 육첩 남의 나라 방에 앉아 쓴 것인지도 모른다. 우물 속에 비친 자신의 얼굴을 말할 수 없이 처참한 마음으로 들여다보며 쓴 것인지도 모른다. 만약 동주에게 몽규가 없었다면 그는 이런 시들을 쓸 수 있었을까.

적극적 항일운동을 위해 시보다는 항일정신을 고취시키는 산문을 써야 한다고 주장하는 몽규에게 동주는 따지듯이 말한다. "시도 자기 생각을 펼치기에 부족하지 않아. 사람들 마음속에 있는 살아 있는 진실을 드러낼 때 문학은 온전하게 힘을 얻는 거고, 그 힘이 하나하나 모여서 세상을 바꾸는 거라고."

동주와 몽규는 그렇게나 다른 사람이었다. 이 둘에게 서로의 삶의 방식을 인정할 만큼의 세월이 주어졌더라면 정말 좋았을 것이다. 그러나 그들은 젊디젊은 나이에 일본의 감옥에서 비참하게 죽었다. 시인 지망생 동주의 시집 《하늘과 바람과 별과 시》는 그가 죽은 후에야 출간되었다.

파티에서 피아노 연주를 해 돈을 버는 가난한 청년이 있다. 제대로 된 재킷조차 없어 우연히 프린스턴대학의 재킷을 빌려 입고 연주하던 청년은 한 중년 남자를 만난다. 청년의 재킷을 본 남자는 같은 대학을 졸업한 자기 아들을 디키를 아느냐고 묻고, 청년은 엉겁결에 고개를 끄덕인다. 이것이 거짓말의 시작이었다.

〈리플리〉는 한 청년의 작은 거짓말이 큰 파국을 불러일으키는 이야기다. 가난하지만 재능 넘치는 톰 리플리는 우연히 만난 부호로부터 이탈리아로 가서 한량처럼 지내는 그의 아들 디키를 데려와 달라는 부탁을 받는다. 그러나 이탈리아에서 디키와 여자 친구 마지를 만난 톰은 본분은 잊은 채 이 잘생기고 멋지고 근사하고 부유한 커플의 휴가 같은 인생에 순식간에 빠져든다.

외모, 재력, 매력. 디키는 뭐든 다 가졌다. 하고 싶은 건 뭐든 다 할 수 있다. 여자들도, 남자들도 다 그를 좋아한다. 그래서 그는 오만하고 무책임하다. 톰은 그런 디키를 사랑한다. 디키처럼 살고 싶다. 그 부티 나고 가벼운 인생을 갖고 싶다. 그래서 톰은 수줍은 듯 이렇게 외치는 것이다. "네 삶의 방식이다 좋아!"

돈이 많지만 돈을 멸시한다고 말하는 부자들. 해변을 돌다 마음에 드는 집이 있으면 그 자리에서 계약할 수 있는 부자들. 낮이면 해변에 드러누워 몸을 태우다, 밤이면 재즈클럽에서 내일은 없는 것처럼 신나게 놀 수 있는 부자들. 재능도 없는 색소폰을 불겠다며 설레발치다가도 이젠 드럼으로 바꿔볼까, 하고 쉽게 이야기할 수 있는 부자들. 그러다 갑자기 스키를 타러 가겠다는 부자들. 고급 양복을 입고 고급 가구를 들여다 놓아도, 아무리 흉내를 내봐도 쫓아갈 수 없는 부자들. 그들 인생의 울타리 속으로 아무나 들이지 않는 부자들. 태어나기 전부터 부자였고 죽고 나서도 부자일 부자들. 인생이 불공평하다는 것을 깨닫게 하는 존재들.

톰에게 그들의 인생은 아찔할 정도로 황홀한 것이다. 조금만 팔을 뻗으면, 발끝을 치켜들면 잡을 수도 있을 것 같다. 하지만 그가 정상적인 방법으로 디키 그린리프가 되려면 아마도 엄청난 노력과 시간, 그리고 행운이 필요할 것이다. 아무리 높은 자리에 올라도, 아무리 많은 돈을 벌어도, 그들은 그 위에서 웃고 있을 것이다. 그래서 그는 그 지난한 길을 단번에 뛰어넘어 버리기로 결심한다. 거짓말을 통해서.

'초라한 현실보단 멋진 거짓이 낫다.' 톰을 여기까지 끌고 온 것은 바로 이 말이었다. 재능은 많지만 현실이 받쳐주지 않는다. 거기에 열망은 너무나 강하다. 이 초라한 현실에서 도피해 멋진 거짓의 세계로 날아가고 싶은 열망이. 그것은 톰의 내면에 잠자고 있던 감정들을 건드린다. 열등감, 질투, 탐욕 같은 것들을. 그래서 톰은 돌이킬 수 없는 일들을 저지른 것이다.

"사람은 아무리 끔찍한 죄악도 합리화하게 되어 있어. 누구나 자신은 착한 줄 알지. 과거를 창고에 꼭꼭 숨겨두고 자물쇠를 채우고픈 그런 기분 알아? 사랑하는 사람에겐 창고 열쇠를 주고 싶어. 문을 열고 들어가 보라고. 하지만 안 돼. 그 안은 어둡고 더러우니까. 그 추잡함을 들키면."

〈동주〉와 〈리플리〉, 두 영화는 모두 사람 이름을 제목으로 했다. 사건보다는 인간에 집중하기 위해서다. 재능 있는 두 사람은 자신의 재능을 다른 식으로 썼다. 동주는 열등감에 괴로워하며 몽규를 흉내 내거나 몽규의 것을 가로채는 대신, 상처 입고 못난 자신의 마음을 시에 녹여냈다. 그러나 리플리에게는 자신의 것이 없었다. 리플리의 재능은 오로지 디키의 삶을 흉내 내고 쫓아가고 빼앗는 데만 쓰였을 뿐이다. 그래서 동주는 죽고 리플리는 살아남았으나, 후자의 삶이 더 비극적으로 느껴지는 것이다.

언젠가 친구의 애인에게 그런 이야기를 들은 적이 있다. "그 애는 너에게 라이벌 의식을 느끼는 것 같아." 이제 나는 안다. 우리 둘이 서로에게 품은 동경과 미움과 질투심과 열등감이 알게 모르게 우리를 성장하게 했다는 것을 말이다.
중년의 나이에 접어든 후에야 나는 나의 열등감을 받아들인다. 내가 너의 시선이라 생각했던 것은 사실 내 안에 품은 너의 시선이었다. 그 시선은 나를 채찍질했다. 거짓을 말하지 않도록. 나 자신에게 정직하도록. 더 나은 사람이 되도록. 너는 내게 필요했던 바로 그 시선이었다.

산모퉁이를 돌아 논가 외딴 우물을 홀로 찾아가선
가만히 들여다봅니다.

우물 속에는 달이 밝고 구름이 흐르고 하늘이
펼치고 파아란 바람이 불고 가을이 있습니다.

그리고 한 사나이가 있습니다.
어쩐지 그 사나이가 미워져 돌아갑니다.

돌아가다 생각하니 그 사나이가 가엾어집니다.
도로 가 들여다보니 사나이는 그대로 있습니다.

다시 그 사나이가 미워져 돌아갑니다.
돌아가다 생각하니 그 사나이가 그리워집니다.

우물 속에는 달이 밝고 구름이 흐르고 하늘이 펼치고 파아
란 바람이 불고 가을이 있고 추억처럼 사나이가 있습니다.
- 윤동주, 〈자화상〉 중에서

예술가들의 인터뷰를 읽을 때마다 그들이 건네는 충고에 주눅
이 들곤 했다. '남과 자신을 비교하지 말라. 남들의 평가에 휘
둘려서는 안 된다. 칭찬도 비난도 무시하라'. 그때마다 나는 '

어떻게 그럴 수가 있지?' 하고 생각했다.

지금은 안다. 칭찬에도 비난에도 흔들리지 말아야 한다며 자신만만하게 충고했던 그들 역시 그것에서 영원히 자유롭지 못했다는 것을. 그들 역시 남들의 평가에 흔들리고 자신보다 잘난 이들에게 열등감을 느낄 것이다. 사람은 자신이 알지 못하는 것에 대해서는 이야기하지 못하니까. 어쩌면 그 뒤틀린 마음이야말로 창작의 원동력이었는지도 모른다. 그러니 열등감을 품는 것은 지극히 자연스럽고, 또 지극히 인간적인 일이다.

〈동주〉(2015) | 이준익
〈리플리〉(1999) | 안소니 밍겔라

어른이 된다는 것

모든 아이들은 자신만의 어른의 이미지를 마음에 품은 채 자란다. 나에게 어른이란 운전을 하는 사람이었다. 자동차 운전석에 앉아 핸들을 쥐고 액셀러레이터를 밟는 사람. 제 몸보다 훨씬 더 큰 기계를 끌고 어디든 갈 수 있는 사람. 그 사람의 얼굴에 떠오른 자신만만한 표정. 진정한 어른의 표정.

운전을 하게 되면 진짜 어른이 될 수 있을 것 같았다. 아니, 진짜 어른만이 운전을 할 수 있을 것 같았다. 그러니 운전을 한다는 건 나에게 있어 진짜 어른의 면허를 딴 것이나 같았다.

대학을 졸업한 스물다섯 살 겨울에 집 근처 운전학원에 등록했다. 그리고 1종 보통도 아니고 2종 자동도 아닌, 2종 보통의 운전면허를 따기 위한 교습을 시작했다. 아니, 도대체 왜 2종 보통이었던가. 트럭은 몰고 싶지 않았다. 내 고상한 이미지에 생채기를 낼까 두려웠던 것이다(아무렇지도 않은 척 쓰고 있지만 식은땀이 난다. 진심이었기 때문이다). 그렇다고 2종 자동 면허를 따는 것은 내 자존심이 허락하지 않았다. 게다가 사자나 호랑이, 테러리스트에게 쫓기는 위기의 순간에 하필 내 앞에 놓인 차가 수동 기어 차라면 어떻게 하겠는가. 내게는 2종 보통 면허가 필요했다(이것도 진심이었다).

자백과 망상과 공황이 뒤섞인 정신 상태였던 당시의 나는 합격점에서 딱 2점을 더한 점수로 면허를 딸 수 있었다. 하지만 그 후로도 몇 년 동안 운전은 두려운 것이었다. 꼬부랑 할머니도 운전을 하고 앞만 보며 달리는 김여사도 운전을 했지만, 나는 할 수가 없었다. 밤이면 차를 몰고 도로를 질주하며 온갖 것들을 다 부수는 꿈을 꾸었지만, 나는 할 수가 없었다. 무서워서였다. 나는 아직 준비가 되지 않았다.

지금 돌이켜 보면 나는 내가 운전을 할 수 있는 진짜 어른이 된다는 걸 믿을 수가 없었던 것 같다.

노아 바움백의 영화 〈위 아 영〉의 주인공 조쉬는 40대 다큐멘터리 감독이다. 아름다운 아내 코넬리아와 뉴욕의 좋은 아파트에 사는 그의 인생은 멀리서 보면 그럴듯해 보이지만, 사실은 신기루 같은 것이다.

조쉬는 10년째 뭘 찍는다고 설명할 길도 없는 지루하고 모호한 다큐멘터리를 찍고 있다. 그나마 지원금도, 보조금도 떨어지고 편집기사에게 줄 돈조차 없어 부수입을 벌기 위해 평생교육원에서 누구도 관심 없는 다큐멘터리 강의를 한다. 아이를 가져보려고도 했지만 거듭되는 실패 끝에 아이 없이 무덤덤하게 사는 인생에 적응해 버렸다. 이제는 부모가 된 친구들에게서도 소외된 느낌이다.

그런 그의 앞에 조쉬의 팬이라는 젊은 다큐멘터리 감독 제이미와 그의 아내 다비가 나타난다. 제이미와 다비는 힙스터 커플이다. 그들은 휑한 로프트에서 닭을 키우며 살고, 레코드 플레이어로 오래된 음악을 듣는다. 돈이 없어도, 구닥다리 패션이어도, 자전거를 타고 다녀도 그들은 자유롭고 쿨해 보인다. 뉴욕 거리 한구석에서 물을 뿌리며 여기가 해변인 양 파티를 벌여도 구질구질하기는커녕 근사해 보이기만 한다.

조쉬와 코넬리아는 곧 제이미와 다비를 따라 버려진 지하도를 탐사하고 수상쩍은 명상 모임에도 참여하게 된다. 아이폰만 들여다보며 세상의 변화를 좇아가려 애쓰던 중년 부부가 세상 돌아가는 것과 상관없이 활기차게 살아가는, 아니 세상의 흐름보다 한발 앞선 이 힙스터 커플의 라이프스타일에 홀딱 **빠져버린** 것이다. 제이미와 다비는 마치 그들 앞에 도착한 무기명 소포 같다. 그 소포 안에는 '젊음'이 들어 있다.

그러나 어느 순간 조쉬는 다큐멘터리 내용을 조작하고, 그의 장인과 인맥을 만들기 위해 그를 이용하는 제이미의 알맹이 없는 인생을 조금씩 눈치채게 된다. 배신감에 치를 떨던 조쉬는 기를 쓰고 제이미의 혐의를 밝혀내지만 세상은 제이미의 손을 들어준다. 조작 좀 하면 어떤가. 이렇게 잘했는데. 이렇게 멋진데. 이렇게 젊은데. 그리하여 제이미를 진심으로 좋아했었다는 조쉬의 고백은 비참하고 치졸하고 또 가슴 아프다.

"난 존경받고 싶었어. 걔는 날 진짜 어른처럼 바라봤다고."

이제 늙어가는 나는 가끔 나보다 어린 친구들이 왜 저런 행동을 하는지, 왜 하지 않는지 이해할 수 없을 때가 있다. 하지만 돌이켜 보면 나 역시 그들과 같았다. 아니, 때로는 그들보다 더했다. 나는 예의도 없었고 매너도 없었다. 어딜 가나 꿔다놓은 보릿자루 같았고 책임감도 없었다. 신세를 진 사람에게 감사 인사조차 어찌 해야 할지 몰라 쩔쩔맸고, 나보다 나이 많은 이들에게 바락바락 대든 적도, 싸운 적도 많았다. 축의금 봉투에 얼마를 넣어야 하는지도 몰랐고, 아직도 장례식장에서 절을 어떻게 하는지 잘 모른다. 그런 걸 자랑이라고 생각하지는 않는다. 나도 부끄럽다.

그럼에도 나는 내가 그런 젊은이였기에, 천둥벌거숭이 망아지 같은 젊은이였기에 젊음은 그런 거 아닌가 하고 생각한다. 젊을 때는 누구나 재수 없고 건방지고 천지 분간 못 하는 게 정상 아닌가. 자기가 천년만년 살 것처럼 굴고, 그러면서도 조급하고 초조해하는 것, 그게 젊음 아닌가.

젊음은 딱히 아름답지도, 멋지지도, 신선하지도 않다. 솔직히 볼썽사나울 때가 태반이다. 그래서 전도유망한 젊은 다큐멘터리 감독이 되어 잡지 기사에 등장한 제이미를 보며 코넬리아가 내뱉은 말은 마음에 와닿는다.

"그는 악마가 아니야. 젊은 것뿐이야."

벨기에의 영화감독 다르덴 형제가 들려주는 이야기들은 대개 단순한 구조 위에 까칠한 현실을 스웨터처럼 덧입혀 놓는다. 그들의 영화 〈자전거 탄 소년〉에는 시릴이라는 버림받은 소년이 등장한다. 부양 능력이 없어 아들을 보육원에 맡긴 아버지가 아끼던 자전거를 판 뒤 몰래 이사가버리자 시릴은 보육원에서 뛰쳐나와 아버지와 자전거를 찾아다닌다. 그 와중에 시릴은 사만다라는 미용사 아줌마를 만난다. 보육원 직원들에게 끌려가지 않기 위해 생면부지의 자신을 끌어안고 버티던 소년을 잊을 수가 없었는지, 사만다는 시릴의 자전거를 찾아와서는 그의 위탁모가 되어주기로 한다.

자기 자전거를 훔치려는 사람이라면 누구건 투견처럼 물고 놓지 않던 시릴은 겨우 찾아낸 아버지에게서 다시는 오지 말라는 소리를 듣는다. 소년이 받은 상처는 짐작할 수 없을 정도로 크다. 돌아오는 길, 시릴은 사만다의 차 안에서 갑자기 얼굴을 긁고 머리를 유리창에 찧어대며 자해를 한다. 자기 자신을 해치고 싶어질 정도로 소년은 절망한 것이다.

그런 시릴을 사만다는 도대체 왜 저럴까 싶을 정도로 한없이 품어준다. 사만다는 시릴 때문에 남자친구와 헤어지고, 밤에 집을 빠져나가려는 시릴을 필사적으로 막다가 그가 휘두른 가위에 찔린다. 급기야 시릴이 저지른 사건을 해결하려 배상금까지 물어준다. 영화를 보는 내내 나는 궁금했다. 대체 왜 이렇게까지 하는 걸까. 사만다는 왜 손해를 보면서까지 시릴을 놓지 못하는 걸까.

이제 나는 운전을 한다. 자연스럽게 운전을 한다. 주유소에 들러 가스 충전을 하는 것도, 평행주차를 하는 것도, 톨게이트에서 요금을 내는 것도 자연스럽다. 차를 몰고 강원도에 가본 적도, 제주도에서 운전을 해본 적도 있다. 가끔 몰상식한 운전자들에게 클랙슨을 울리거나 욕을 하기도 한다. 그럴 때마다 마음속에서 은근한 자부심이 차오른다. 나는 어른이다. 진짜 어른이 되었다.

아니, 사실을 말하자. 나는 어른인 척을 하며 산다. 중년의 나이에 접어든 우리는 뭐든 다 아는 척하지만 실제로 아는 건 거의 없다. 자동차가 어떤 식으로 굴러가는지도 모르고 보닛 한 번 열어본 적 없으면서 운전을 하는 것이나 마찬가지다. 우리에게도 인생은 여전히 어렵고 두렵고 막막한 것이다. 인생이 뭔지, 어떻게 살아야 제대로 사는 것인지도 모른다. 그래도 나이를 먹고 책임져야 할 것들이 생겼으니 어찌 됐든 운전대를 잡고 달릴 수밖에 없는 것이다. 내가 어른이 아니라고 하면, 아직 어른이 되려면 멀었다고 하면 그건 꼴사나운 투정밖에는 안 되니 운전을 하고 통장을 만들고 부동산 계약서를 쓰는 것이다. 언제나 떨리는 마음으로.

우리에게는 누구나 이 생이 처음이기에, 따라 걷고 싶은 눈길 위의 발자국 같은 어른들이 필요하다. 어린 시절 내가 동경하던 어른들이 떠오른다. 이상하게도 그들 중 아직까지도 마음에 품고 있는 어른은 거의 없는 것 같다. 그때는 그토록 멋지고 눈부시던 그들이 지금은 대단치 않아 보인다. 그건 그들이 변해서라기보다는, 내게 사람 보는 안목이 없어서라기보다는, 나도 어른이 되었기 때문일 것이다. 운전을 하기 전에는 김여사조차 대단해 보이지만 운전을 하게 되면 김여사, 이

여사, 박사장, 조부장에게 삿대질을 하며 클랙슨을 울리는 것과 마찬가지다. 아마 〈위아영〉을 조쉬가 아니라 제이미나 다비의 시점으로 만들었다면 그건 또 다른 영화가 되었겠지.

지금 내가 따라 걷고 싶은 발자국 같은 어른들은 젊은 시절 멋지고 대단하던 사람들이 아니다. 오히려 젊은 시절에는 보잘것없던 사람들이다. 콤플렉스에 시달리고 자신감은 없고 어떻게 살아야 할지 몰라 방황하던 사람들이다. 그러나 거친 세월을 견뎌내고 버텨내면서 단단한 나무 같은 어른으로 성장한 사람들이다. 나는 그런 사람들을, 그들의 발자국을 따라가고 싶다.

〈자전거 탄 소년〉의 마지막 장면에서 시릴은 누군가 던진 돌을 맞고 나무에서 떨어진다. 그러나 한참 후 깨어난 시릴은 예전처럼 자신에게 돌을 던진 사람을 물어뜯지 않는다. 복수 대신 그는 몸을 털고 일어나 자전거를 타고 돌아간다. 사만다에게로. 이제 소년에게는 돌아갈 곳이 생겼다.

소년은 혼자 힘으로는 자전거를 되찾을 수 없다. 어느 누구도 혼자서는 살아갈 수 없고, 어린아이들은 더욱 그렇다. 아이에게는 어른이 필요하다. 다르덴 형제는 그런 어른을 보여주고 싶었던 것이다. 무슨 일이 있어도, 어떤 상황에서도 아이를 끌어안을 수 있는 어른. 그런 어른만이 세상을 조금 더 나은 곳으로 만들 수 있다는 사실을, 설사 그것이 판타지에 불과하다 해도, 다르덴 형제는 이 이야기를 통해 보여주고 싶었던 것이다.

그런데 어른의 권위라는 건, 말하지 않아도 배어나오는 자연스러운 권위는 어디에서 올까. 사만다와 시릴의 관계를 보며 나는 생각한다. 어른의 권위라는 건 어쩌면 순수한 사랑의 마음에서 자연스럽게 배어나는지도 모른다고. 그 사랑은 가엾은 존재를 향한 연민과 그 존재를 책임지려는 강인함으로 이루어진 것이다. 그렇게 보답을 구하려는 마음 없이 우리보다 약한 존재들을 사랑할 때, 우리는 비로소 진정한 어른이 될 수 있을 것이다.

〈위아영〉(2014) | 노아 바움백
〈자전거 탄 소년〉(2011) | 장 피에르 다르덴, 뤽 다르덴

S 씨에게

안녕하세요, S 씨. 얼마 전까지 매일같이 얼굴 보며 지내던 S 씨에게 이렇게 공개적으로 편지를 전하려니 어색하기도, 쑥스럽기도 합니다. 어째서 뜬금없이 S 씨에게 편지를 쓰게 되었느냐 하면, 우리 사이에 일어난 갑작스러운 변화에 대해 제 나름대로 정리할 필요가 있었기 때문이에요. 우리의 관계가 어디서부터 엉킨 건지, 정말 엉키긴 엉킨 건지, 이걸 풀어야 하는지 말아야 하는지, 이렇게 복잡하고 무거운 마음을 정리하는 데는 글쓰기만 한 것이 없음을 경험으로 알기 때문이기도 하고요.

몇 년 전 우연히 동네에서 인사를 나누게 된 후 꽤 오랜 탐색 기간을 거쳐 우리는 서로의 집에 놀러 가고, 함께 산책을 하고, 소풍을 가고, 술을 마시고, 급기야 가족 캠핑도, 여행도 가는 사이가 되었습니다. 돌이켜 보면 즐거운 시간이었습니다. 저처럼 낯가림이 심한 사람의 인생에 이런 일이 일어나리라고는 기대하지 못했는데, 아마 그것은 S 씨의 끈질긴 노력 덕분이었겠지요.

사실 그즈음 제 우정운은 별로 좋지 않았습니다. 좋아하는 사람과 함께 일을 하게 되었다가 결국 그를 미워하게 되고 말았어요. 고통스러운 시간이 지난 후 결국 우리는 헤어지기로 했습니다. 다시는 서로를 친구라 부르지 않고, 다시는 만나지도 않을 그런 사이가 되어버린 거죠. 그러자 미움도, 분노도 순식간에 사라져 버리더군요. 털끝만큼의 아쉬움도, 미련도, 후회도 남지 않았습니다. 그렇다고 해서 후련한 것도 아니었습니다. 그저 그렇게 되었구나, 하는 씁쓸한 마음만 남았습니다.

그러고 보면 좋아하는 것과 정을 쌓는 것은 완전히 다른 일인 것만 같습니다. 좋아하면서도 정이 쌓이지 않을 수 있고, 좋아하지 않으면서도 정이 쌓일 수 있지요. 저와 그 사이에 쌓인 정은 역시 그 정도였던 것 같아요.

S 씨와 저는 아마도 좋아함과 정을 쌓아나감의 경계선에 있었던 듯합니다. 그런데 작은 문제가 발단이 되어 마음이 조금 틀어지자 그 밖의 사소한 일들, 전에는 서로의 차이에 불과하다며 세련된 방식으로 넘길 수도 있었을 일들이 벽돌로 담을 쌓듯 우리 사이에 차곡차곡 쌓이기 시작했습니다. 그건 우리 둘 모두에게 당황스러운 일이었을 거예요.

그래서 저는 게일 캘드웰의 에세이 《먼 길로 돌아갈까?》를 집어 들었습니다. 깊고 단단한 우정의 아름다움과 그 우정을 잃은 슬픔을 기록한 책이지요. 지금 제게는 이 책이 필요했습니다. 제 마음을 들여다보기 위해 타인의 이야기를 들을 필요

가 있었습니다. 타인의 이야기를 따라가며 제 마음을 만나야
만 했습니다.

게일 캘드웰과 캐롤라인 냅은 커다란 개를 키우고, 알코올 의
존증에서 벗어난 여성 작가라는 공통점이 있습니다. 중년
의 나이에 서로를 알게 된 두 사람은 왜 이제야 만났을까 싶
은 단짝이 됩니다.

> 캐롤라인과의 만남은 마치 가상의 친구를 찾는 구인광고
> 를 냈는데 상상한 것보다 더 재미있고 멋진 사람이 눈앞
> 에 나타난 것과 같았다. 따로 있을 땐 각자 겁에 질린 술꾼이
> 자 야심찬 작가이며 애견인이었던 우리는 함께 만나 작은 공
> 동체를 이루었다.
>
> ― 게일 캘드웰, 《먼 길로 돌아갈까?》 중에서

S 씨도 아시겠지만 저는 타인과 관계를 맺는 데 별 재능이 없
는 사람입니다. 상대와 어느 정도로 거리를 두어야 할지, 어
느 정도의 속도로 가까워져야 하는지, 언제 다가가고 언제 물
러서야 할지 가늠하는 일이 언제나 제게는 어렵습니다. 너
무 어려워서 수학을 포기하듯 언젠가부터 포기했던 것 같습니
다. 그저 운명에 맡겼지요.

그런데 S 씨는 계속해서, 끈질기게 문을 두드려주었어요. 처음
에는 그런 S 씨에게 화를 낸 적도 있었습니다. 누군가가 제 영
역을 침범하는 것을 견디기 힘들었기 때문이에요. 그런데도 S
씨는 포기하지 않더군요. 그러다 보니 어느 순간 우리는 가까

워져 있었습니다.

나는 텍사스 사람 특유의 붙임성이 있으면서도 내향성이 강한지라 호의가 있어도 실행에 옮기는 데에는 서툴렀다. 그래서 오랜 친구 하나는 나를 사교적 은둔자라 칭했다. 나는 자연스러운 관계가 주는 따스함과 홀로 남겨지는 자유로움, 둘 다를 원했다. 그런 나의 내면에 캐롤라인이 다가와 공손히 문을 두드리고 기다렸다가 다시 문을 두드렸다. 그녀는 쉽게 포기하지 않았다. 다정하면서도 똑똑한 사람 같았다. 게다가 사람과 개 사이의 정서적 유대에 관한 책을 쓰고 있다는 점도 마음에 들었다. 이런 사람 때문이라면 수도사 같은 내 생활 방식을 깨도 상관없을 것 같았다.

- 게일 캘드웰, 《먼 길로 돌아갈까?》 중에서

S 씨, 저에게는 S 씨 말고도 다른 좋은 친구들이 많습니다. 오랜 세월을 만나며 서로 볼 꼴 못 볼 꼴 다 본, 서로의 장점만큼이나 결점까지도 끌어안은, 그렇게 단단한 신뢰의 사슬로 묶인 친구들이지요. 하지만 그 친구들과 저의 관계는 음, 뭐라고 표현해야 할까요. 그건 불가사리들의 모임 같은 것입니다. 아니면 고슴도치들의 모임 같은 거라고 해야 할까요.

우리는 서로의 뾰족함을, 서로가 숙명처럼 짊어진 가시들을 마음 깊이 이해합니다. 그러나 서로를 꼭 끌어안을 수는 없지요. 자, 쉽게 표현할게요. 그 친구들을 저는 무척 아끼고 사랑하지만, 그 친구들과 24시간 이상 붙어 있는 건 곤욕입니다. 결국 누구 하나가 피를 보게 되겠지요.

하지만 S 씨에게서 저는 다른 가능성을 보았습니다. 그것은 동네 친구의 가능성이었습니다. 매일 얼굴을 볼 수 있는 동네 친구, 서로의 일상에 서로를 위한 자리를 비워둘 수 있는 친구, 나른한 오후 커피 한 잔을 함께하며 시시덕거릴 수 있는 친구, 하루의 스트레스를 풀 맥주 한 잔을 함께할 친구, 함께 쇼핑도 하고 함께 저녁 메뉴를 고민하고 함께 돈 걱정을 할 친구. 저는 S 씨와 그런 친구가 되고 싶었습니다. S 씨는 그런 친구가 되어줄 수 있을 것 같았습니다.

게일 캘드웰에게 캐롤라인 냅이 그랬듯, S 씨는 분명 제가 바라던 그런 친구였죠. 정서적으로 안정되어 있고, 유쾌하고, 특별히 모난 구석이 없고, 좋아하는 것들에 대해 지치지 않고 이야기할 수 있고, 농담을 알아들을 수 있는 친구 말입니다. 제가 너무 진지해지거나 어둠 속으로 빠져들면 격의 없이 목덜미를 잡아 구덩이에서 끌어내 줄 그런 친구 말이에요. 그런데 그런 친구를 만나는 건 절대로 쉬운 일이 아닙니다. 그래서 저는 30대 중반이 넘어서야 S 씨를 찾게 되었겠지요.

타인의 은혜가 충만한 인생을 산 사람들에게 애착이란 복잡하지만 당연한 무엇이다. 반면 내향적인 사람에게 애착이란 조금은 모호한 영역이다. 내가 사람들과의 상호작용에서 감정에 솔직하고 활발할 수 있었던 것은 그것이 언제 어떻게 끝날지-하루의 끝, 파티의 끝, 산책의 끝, 관계의 끝-를 알았기 때문이다. 술을 마시던 시절에는 버번이 소울메이트이자 변치 않는 애인으로 등 뒤에 버티고 있었으므로 다른 사람들을 피하거나 무시할 수 있었다. 그러나 벽돌로 쌓은 벽이든 고립으로 세운 벽이든 벽을 허물자면 그에 상응하는 양의 수고가 필요하다. 캐롤라인과 나는 우리도 모르는 사이에 서로를 밝은 곳으로 꾀어냈다. 서두르지 않고 상대방의 자율을 분명히 배려한 덕분에 서로 주춤거리며 물러설 필요가 없었다.

- 게일 캘드웰, 《먼 길로 돌아갈까?》 중에서

전에 저는 나이가 들수록 새로운 우정을 쌓기 힘든 이유는 우리가 그간 쌓아온 우정의 길고 개인적인 역사 때문이라고 쓴 적이 있습니다. 어떤 사람이 나를 힘들게 하는지, 어떤 관계가 나를 지치게 하는지, 어떤 사람을 피해야 하고 어떤 사람에게 다가가야 하는지, 어떤 사람이 나와 잘 맞는지를 경험을 통해 우리는 알아버렸기 때문입니다.

동시에 그것은 나 자신에 대한 이해가 늘었다는 뜻이기도 합니다. 어릴 때 우리는 관계를 통해 자기 자신을 알았지만, 반대로 이제는 그렇게 자기 자신을 알게 되었기에 쉽게 새로운 관계를 맺지 않게 되는 겁니다. 그러니 나이 들어 누군가와 친구가 되고 싶다면 어릴 때보다 훨씬 조심스러워야 합니다.

자기 자신에 대해 너무나 잘 아는 상처 많고 섬세한 두 여자는 조심스럽게 다가가 서로를 밝은 곳으로 꾀어냅니다. 그리고 어렵게 얻은 우정을 귀한 항아리처럼 정성 들여 닦아 윤을 냅니다. 그렇죠. 우정은 저절로 만들어지는 것이 아니라, 그것을 소중히 여기는 마음에서 비롯되는 것이죠. 아마 제게 부족했던 것이 그런 마음이 아니었을까 싶습니다. 저는 왜 그랬을까요? 좋은 친구를 곁에 두는 것보다 나 자신이 정한 경계를 침범당하지 않고 싶었던 마음이 더 컸던 걸까요? 저는 왜 그런 식으로 자꾸만 일을 그르치는 걸까요?

《먼 길로 돌아갈까?》에 이어 읽은 책은 《검은 고독 흰 고독》입니다. 세계적인 등반가 라인홀트 메스너가 전 세계 고봉 14좌 가운데 아홉 번째로 높다는 낭가파르바트를 무산소로, 누구의 도움도 없이 홀로 등정한 과정을 담은 책이지요. 혼자서 높고 가파른 산을 오르는 이 남자가 숙명처럼 등에 짊어진 고독이라는 감정이 과연 어떤 것인지, 저는 궁금했습니다.

나는 그동안 남의 모랄을 인정하지 않았다. 그리고 만약 누군가가 나의 영역을 침범하려 들면 나는 크게 화를 냈다. 그러나 차츰 본래의 나 자신으로 돌아오면서 이제는 어떤 일이건 비교해서 생각하지 않기로 했다. 좋건 나쁘건, 옳건 그르건 구분 짓지 않고 이제는 모르는 일을 알려 하거나 섣불리 판단하려 들지 않으며 있는 그대로 살아가기로 마음을 정했다. 그러자 나는 진정한 하나의 반쪽에 불과하고 손으로 만질 수 있는 나의 또 다른 반쪽이 내 옆에 있는 것처럼 느껴졌다. 하지만 지금은 이 반쪽이 무엇인지 애써 알려 하지 않았다.

지금 나는 혼자 있다는 것이 무엇을 의미하는지 스스로에게 보여주고 싶었다. 그래서 나는 낭가파르바트로 향했다.

- 라인홀트 메스너, 《검은 고독 흰 고독》 중에서

라인홀트 메스너에게 아내는 너무나 소중한 존재였습니다. 아내의 사랑과 지지가 있었기에 집을 떠나 산에 오를 수 있었지요. 하지만 두 사람이 생각한 관계는 달랐습니다. 메스너는 자신이 살아가는 방식을 조금도 양보하거나 포기할 생각이 없었어요. 물론 그도 이런 방식이 받아들여지기 힘들다는 사실을 잘 압니다. 하지만 그는 그렇게밖에 살 수 없는 사람입니다. 그래서 아내와 헤어진 후 낭가파르바트를 홀로 오르는 이 길은 자신을 이해하고 자신과 화해하려는 길입니다.

S 씨, S 씨는 어떤 일이든 누군가와 함께 하는 것을 좋아하는 사람이지요. 하지만 저는 완전히 반대의 사람입니다. 라인홀트 메스너가 그런 것처럼, 제게도 상당량의 고독이 필요합니다. 가끔은, 아니 자주 가족들조차 귀찮아지니까요. 너무 가까이 있어 진력나는 관계보다는 조금 떨어져 있어 그리운 관계가 제게는 더 적당한 것 같기도 합니다. 바로 그것이 우리의 근본적인 차이가 아니었나 싶어요.

서로 완전히 다른 사람들이 만났을 때 두 사람은 쉽게 서로에게 빠져들지만, 또 별것 아닌 일로 쉽게 멀어지곤 하지요. 서로를 이해하지 못하기 때문이에요. 마치 다른 언어와 다른 풍습과 다른 체제를 가진 두 부족이 만난 것처럼 말입니다.

나는 산을 정복하려고 이곳에 온 게 아니다. 또 영웅이 되어 돌아가기 위해서도 아니다. 나는 두려움을 통해서 이 세계를 새롭게 알고 싶고 느끼고 싶다. 물론 지금은 혼자 있는 것도 두렵지 않다. 이 높은 곳에서는 아무도 만날 수 없다는 사실이 오히려 나를 지탱해 준다. 고독이 더 이상 파멸을 의미하지 않는다. 이 고독 속에서 분명 나는 새로운 자신을 얻게 되었다.

고독이 정녕 이토록 달라질 수 있단 말인가. 지난날 그렇게도 슬프던 이별이 이제는 눈부신 자유를 뜻한다는 걸 알았다. 그것은 내 인생에서 처음으로 체험한 흰 고독이었다. 이제 고독은 더 이상 두려움이 아닌 나의 힘이다.

　　　　　　　- 라인홀트 메스너, 《검은 고독 흰 고독》 중에서

정상에 다다른 메스너는 산소 부족으로 의식이 혼미한 상태에서 환청 같은 목소리들을 듣습니다. 목소리의 주인들은 바라보면 사라지지만 곧 다시 나타나 그에게 말을 걸지요. 메스너와 그들은 '우리가 지금 이렇게 이야기하듯이 만나는 사람마다 편안하게 이야기를 나눌 수 있는 곳, 사람의 말을 그대로 믿어주는 그런 곳에 대해' 이야기합니다. 그는 그 대화를 통해 이 지옥 같은 등반을 해낼 수 있었습니다.

메스너는 그때의 고독을 '흰 고독'이라 칭합니다. 반대로 이전까지의 고독은 '검은 고독'이었습니다. 그는 고독을 두려워하면서도 그것을 원했습니다. 그런 자신을 인정하거나 받아들이기도 힘들었겠지요. 자신을 사랑할 수 없는 것도 당연합니다. 그리고 자신을 사랑할 수 없는 사람은 필연적으로 타인에게 상처를 주게 마련입니다. 총구를 어디에 겨눠야 할지 혼란스럽기 때문이에요.

그러나 이 단독 산행을 통해 그는 깨닫습니다. 자신에게는 고독이 필요하다는 것을, 고독이 소중하다는 것을, 고독을 통해 충만해진다는 것을요. 이제 그는 더 이상 고독을 두려워하거나 회피하지 않습니다. 그는 고독을 있는 그대로 받아들입니다.

제게는 상대와 너무 가까워지면 한발 물러서고 싶어지는 본능적인 공포심이라든지 갑갑함이 있습니다. 동시에 상대에게 상처를 주지 않고 고독을 찾는 법을 잘 몰랐지요. 그래서 지금껏 많은 이들에게 상처를 주며 살아온 것 같습니다. 그들은 제 그런 행동이 자신들을 밀어내는 것이 아니라, 단순히 숨 쉴 공간을 확보하고 싶은 강렬한 욕구임을 이해할 수 없었을 테니까요.

저는 여전히 상대와의 거리를 적절하게 조절하는 법을, 마치 길이를 조절할 수 있는 커튼 봉처럼 부드럽게 당겼다가 다시 부드럽게 밀어내는 그런 방법을 찾지 못했습니다. 아마 제가 먼저 배워야 할 것은, 메스너가 그런 것처럼 고독이라는 것을 받아들이는 법이겠지요. 그런 후에야 저는 비로소 타인의 감정을 헤아릴 줄 아는 사람이 될 수 있을 것 같습니다.

캐롤라인과 내가 인생에서 가장 아름다운 시간을 함께 보낼 수 있었던 것은 이 우정의 근간에 우리가 함께 견딘 거친 여정이 놓여 있기 때문이다. 처음 하버드대학 운동장을 찾았던 겨울 오후, "어떻게 하지, 나는 자기가 필요해."
그날의 이 말은 고백이자 부름이었고 우정을 촘촘히 직조하는 의존 선언이었다. 우리는 숲에서 그리고 강에서 수없이 많은 나날을 함께 보내며 서로를 필요로 했다. 그러나 더욱 절실히 필요했던 때는 더 슬프고 힘든 순간들, 용기를 내어 서로에게 불화와 무력감과 두려움 따위를 내보인 그 순간들이었다.

- 게일 캘드웰, 《먼 길로 돌아갈까?》 중에서

저는 아마, 아니 확실히 낭가파르바트를 오를 일이 없을 겁니다. 동시에 제게는 '당신은 사랑받기 위해 태어난 사람' 같은 말도 필요 없습니다. 저는 그저 손을 뻗으면 닿을 수 있는 거리를, 그 거리에서 전해지는 뜨뜻미지근한 온기를 원할 뿐이에요. 어쩌면 사람들은 모두 같은 것을 원하면서 계속해서 서로를 밀어내기에 자꾸만 외로워지는 것이 아닐까요. 관계를 맺기 위해 감수해야만 하는 수고와 위험을 두려워하는 것은 아닐까요.

사소한 실수나 잘못, 작은 결점 때문에 소중한 관계를 잃는 것은 어리석은 짓이라는 걸 이제는 압니다. 문만 열면 친구가 될 사람들이 줄을 서 기다리고 있을 줄 알았던 어린 시절에는 몰랐던 사실입니다. 블록 장난감처럼 딱딱 들어맞는 친구가 세상 어딘가에 있을 줄 알았던 어린 시절에는 몰랐던 사실입니다. 관계를 위해서는 적절한 거리와 친근한 시선과 다정한 말투와 따뜻한 두 손과 튼튼한 두 다리가 필요한 것이었어요.

저는 그저 그리워요. 맛있는 걸 함께 나눠 먹고, 시시껄렁한 농담을 하면서 낄낄대고, 어느 밤에 담벼락 너머에서 놀러 가자며 제 이름을 부른 목소리 같은 것들이. 심각한 이야기를 하기도 하고, 그러다 너무 심각해지려 하면 당신이 저를 놀리고, 그러나 대개의 것들에 대해서 그것을 결점이라기보다 매력으로 받아들여 주던 시간들이.
우리의 관계가 어떻게 될지는 잘 모르겠어요. 어쩌면 저는 먼저 손을 내밀지 않겠지요. 우리는 별일 없었던 듯 어색한 웃음을 띤 채 이웃으로 살아갈 수도 있을 거예요. 그렇다고 해도 뭘 어쩌겠느냐는 생각이 들기도 합니다. 그것이 아마 제 비겁함일 테지요.
어쩌면 저는 용기를 내어 먼저 손을 내밀 수도 있을 거예요. 다만 그것이 언제인지가 중요할 거라고, 저는 생각합니다.

《먼 길로 돌아갈까》 | 게일 캘드웰 | 정은문고
《검은 고독 흰 고독》 | 라인홀트 메스너 | 필로소픽

추신

추신은 원래 짧고 박력 있게 써야 하는 건데, 구질구질한 저는 조금 긴 추신을 써야겠습니다. 제가 몇 년 전에 쓴 저 편지는 잡지에 실렸고, 제가 일하는 동네 카페에 와서 아무것도 모르고 잡지를 읽은 S 씨는 눈물을 흘렸지요. 덕분에 저는 사과하지 않고도 S 씨와 화해할 수 있었습니다.

그러나 그것이 문제였을까요? 아니면 이미 뒤틀린 천은 아무리 다림질을 해도 다시 반듯해지지 않는 걸까요? 우리 사이는 다시 멀어졌고, 결국 S 씨는 이곳을 떠났지요. 떠날 때 우리는 작별 인사조차 나누지 않았습니다.

하지만 제 마음속에는 언제나 S 씨와의 즐거웠던 추억이 남아 있습니다. S 씨는 제 인생에서 일어난 각별한 사건들 중 하나였어요. 우리가 다시는 못 만나게 된다고 하더라도, 그 추억만큼은 소중히 간직하고 싶습니다.

어쩌면 나중에, 아주 오랜 후에, 우리가 호호할머니가 되었을 때, 아니면 그보다는 좀 더 일찍, 우리 아이들이 다 자라서 더 이상 그 아이들을 키우는 데 매이지 않아도 될 때, 그때 우리는 다시 보게 될 수도 있겠지요. 인생이란 건 어떻게 흘러갈지 정말로, 정말로 모르는 거니까요.

그러면 그때 제게 활짝 웃어주세요. 저도 꼭 그렇게 할게요.

고마움과 미안함을 담아 씁니다.

S로부터.

이야기를 듣는 마음

너무너무 재미있는 책을 읽다가 마지막 장이 다가오면 조바심이 난다. 더 듣고 싶어, 더 얘기해줘, 하고 조르고 싶다. 그러고 나서 에필로그가 등장하면 안심이 된다. 에필로그를 통해서 비로소 한 권의 책은 완성이 되는 것 같다. 에필로그까지 읽고서야 나는 뿌듯함을 느끼며 책을 덮는다. 그래서 나도 에필로그 쓰는 것을 중요하게 생각한다. 에필로그는 언제나 즐거운 마음으로 쓴다. 자, 제 할 일은 다 했어요. 그러니까 이건 온종일 긴장한 채 일하고 난 후 휴게실에 아무렇게나 앉아서 마시는 커피 한 잔 같은 거랍니다. 사실 맥주라도 괜찮지요.

2013년부터 무려 8년 동안이나 《AROUND》라는 잡지에 영화와 책에 관해 쓰고 있다는 사실을 나는 무척 자랑스럽게 여긴다. 그래서 내가 쓴 모든 책의 프로필에는 그 사실이 들어 있다. 시작했던 달부터 지금까지, 단 한 번도 다음 달에도 청탁이 올 거라고 확신한 적이 없다. 언제나 이달이 마지막이라는 심정으로 썼다. 그렇다고 뭐 엄청난 사명감을 갖고 쓴 것은 아니고, 그래도 괜찮지, 라는 마음으로 썼다.

내가 쓰는 것은 서평도, 영화평도 아니다. 무언가를 평가하는 것은 내 일이 아니다. 평가보다는 그 책과 영화들이 내게 건네는 이야기를 제대로 듣기 위해 노력한다. 그러다가 종종 딴 생각에 빠지거나 딴 길로 새곤 하는데, 그런 것들도 고스란히 칼럼에 담는다. 가끔은 이렇게 써도 되나? 싶을 때도 있었지만, 내가 뭘 쓰건, 어떻게 쓰건 조금도 간섭하지 않았던 《AROUND》의 편집자들에게 언제나 감사하고 있다.

나는 이야기를 좋아한다. 내가 쓰고 싶은 것도 이야기이다. 수려한 문장을 쓰고 싶은 것도 아니고, 언어의 가능성을 탐구하고 싶은 것도 아니다. 문학의 신께 경배하는 마음 같은 것도 (당연히) 없다. 그저 나는 투박하고 좋은 이야기를 쓰고 싶다. 오래 걸어도 발이 편한 신발 같은 이야기를 쓰고 싶다. 그렇게 좋은 이야기를, 모두에게 그렇지는 않더라도, 최소한 이 세상의 몇 사람에게는 도움이 될 만한 이야기를 쓰고 싶다.

나 자신에 대한 이야기를 쓰는 것은 사실 쉽지도 않고 멋쩍기 그지없는 일이지만, 책과 영화에 기대서라면 얼마든지 쓸 수 있다. 책과 영화가 있으면 나는 딸부잣집의 막내딸이 된 기분이다. 아니면 외모는 무시무시하지만 마음은 따뜻한 사부님과 선배님들이 대거 포진한 도장의 귀염둥이 수련생이 된 것 같기도 하다. 의심도, 경계도, 두려움도 없이 좋은 이야기라는 스승의 품에 내 몸과 마음을 던지는 그 기쁨은 무엇과도 비할 수가 없다. 그리고 나는 그 언니들과 선배들의 뒤에 살짝 숨은 채 이야기에 대한 이야기라는 것을 쓸 수 있다. 제약이 있을 때 더 자유로워지는 것처럼, 나는 내가 좋아하는 책과 영화에 관해 이야기할 때 가장 자유롭다.

어른의 나이에도 어른인 척만 하지 진짜로 어른은 못된 나는 매 순간 등골이 서늘해진다. 인생은 거대한 파도처럼 덮쳐온다. 어른에게도 용기가 필요하다. 내가 사랑한 모든 책과 영화들이, 그 이야기들이 내게 준 가장 큰 선물은 일종의 용기였다고 생각한다. 내게 가장 필요한 것, 이 어려운 인생을 헤쳐나갈 용기.

그 용기를 이 책에 쓴 이야기들을 통해 여러분께도 나눠드린다. 그러니까 우리 내일부터는 어깨를 펴고, 큰 소리로 웃고, 씩씩하게 걸으며 대인배처럼 한번 살아봅시다. 용기가 있어서 용감해지는 것이 아니라, 용감하게 굴면서 용기 있어지는 거니까요.

1판 1쇄 발행 2020년 9월 15일
1판 2쇄 발행 2020년 11월 13일
1판 3쇄 발행 2023년 1월 4일

지은이 한수희

펴낸이 송원준
편집인 김이경
책임편집 김지수
디자인 윤원정
사진 안선근

펴낸곳 (주)어라운드
출판등록 제 2014-000186호
주소 03980 서울시 마포구 동교로51길 27 AROUND
문의 070-4616-5974
팩스 02-6280-5031
전자우편 around@a-round.kr
홈페이지 a-round.kr
ISBN 979-11-88311-76-7